谨以此书献给
一个天蓝、地绿、水净的美好北京
和为建设美丽中国而不懈努力的人们

绿色都市北京
一个我们希望出现在未来的
隶属于市政工程及环卫部门的公共服务机构

美丽中国系列丛书

绿色北京书

GREEN BOOK OF BEIJING

毛大庆 王采璐 编著

整体系统的规划 追求实效的行动 绿色都市的畅想

团结出版社
UNITY PRESS

图书在版编目（ＣＩＰ）数据

　　绿色北京书：整体系统的规划　追求实效的行动绿色都市的畅想 / 毛大庆，王采璐编著.
-- 北京：团结出版社，2013.1
　　ISBN 978-7-5126-1569-4

　　Ⅰ．①北… Ⅱ．①毛… ②王… Ⅲ．①城市－绿化－建设－北京市 Ⅳ．①S732.1

　　中国版本图书馆 CIP 数据核字(2012)第 304379 号

出　　版：团结出版社
　　　　　（北京市东城区东皇城根南街 84 号　邮编：100006）
电　　话：(010) 65228880　65244790
网　　址：http://www.tjpress.com
E-mail：65244790@163.com
经　　销：全国新华书店
印　　装：三河市东方印刷有限公司

开　　本：170X240 毫米　　　1/16
印　　张：14.25
字　　数：260 千字
版　　次：2013 年 1 月　第 1 版
印　　次：2013 年 1 月　第 1 次印刷

书　　号：978-7-5126-1569-4/S・7
定　　价：29.00 元

前　言

我们的城市规划　永远的绿色之路

　　人类的思想可以穿越古今遨游无穷，思接千载，视通万里，但是我们的身体却必须居住在大地上，所以，我们渴望生活在一座绿色的城市中，更渴望给我们的子孙后代留下一座绿色的城市。于是，我们开始审视我们所生活的这座城市，开始思考如何能够让它在我们的努力下变得更加美好。

　　在思考的过程中，我们把目光投向了遥远国度的一座城市，瑞士苏黎世，这是一座在国际上绿色建设相对成熟的城市，我们希望通过对它的研究，能够给北京的建设提供一些可资借鉴的地方，当然，由于所有制以及由此带来的行为方式的不同、东西方以及具体地域文化的不同等各方面的差异，我们不能照搬其经验，而只是撷取其中最璀璨的明珠，镶嵌在我们为了建设这座城市而进行思考和实践的长路之上。

　　北京，是一座以绿色城市为建设目标的城市，将来她也一直会是一座绿色城市。

　　徜徉在今日的北京，且不说那些古老的皇家园林和新兴的各大公园，就是散布城区的街心花园、绿地、树木，便已是蔚然成景，郁郁葱葱，绿色气息迎面而来，但是，也许生活在这座城市里的人们还没有完全领悟到，他们应该如何与绿色亲密相处。绿色，不仅仅是景观，更应该是文化，从更深层次上，是一种生活方式。可是，目前不管是机构，还是居民，都没有很好的思考和践行绿色城市的生活方式。

　　很长时间以来，北京一直致力于加强绿化建设和绿化发展，而她在这方面的努力也取得了相应的成效。北京目前基本建成了山区、平原和城市绿化隔离地区三道绿色生态屏障。截止到 2010 年底，全市森林覆盖率达到 37%，林木绿化率达到 53%，全市近三分之二的居民走出家门不超过 500 米就能享受到公园绿地。在生活质量评价方面北京在国际上的排名不断地上升，人们的幸福指数越来越高，开放空间的高质量在这里起到了毋庸置疑的重要作用。北京的动植物种类繁多，在这里，自然和城市并不是相互矛盾的对立面，而是完全相辅相成融为一体的。在定期进行的民意调查中可以发现，公民对城市的绿化工作越来越满意，并表现出极高的重视。

　　但是，我们当然不能满足于这些成就，因为居民们对绿色空间提出的要求一直在不断提升。城市会继续发展，对我们来说，如果没有高质量的绿地和开放空间，也就没有发展。在过去几年中，我们为公众提供了新的绿化设施，这使我们一次又一次地获得了很多专业表彰。最近，我们又提倡平原造林，大力发展了河岸空间，并提高了相关地区的价值。我们对河流的关注一如既往，河岸空间应该继续发展为近郊游憩地。同时，它还应该是步行和自行车区的一个轴心。并存的这些功能构成了城市的生活空间，当然这还需要一套详细的规划。

　　通过本书可以看出，北京正在为绿地和开放空间以及绿化知识制定一套综合策略。我们需要在全市范围内将规划和目标连接起来，以避免城市发展的不同线路之间或者各区县之间出现彼此分歧和阻碍的现象。通过上述明确清晰的目标和坚定可行的策略，我们保证了北京——这个古老国都的绿化的高度地位——造福城市居民，造福大自然。

　　在中共第十八次代表大会上，胡锦涛主席作的报告中，以专门的篇章提到了"大力推进生态文明建设"，建设生态文明，是关系人民福祉、关乎民族未来的长远大计。必须树立尊重自然、顺应自然、保护自然的生态文明理念，把生态文明建设放在突出地位，要按照人口资源环境相均衡、经济社会生态效益相统一的原则，控制开发强度，调整空间结构，促进生产空间集约高效、生活空间宜居适度、生态空间山清水秀，给自然留下更多修复空间，给农业留下更多良田，给子孙后代留下天蓝、地绿、水净的美好家园。我们一定要更加自觉地珍爱自然，更加积极地保护生态，努力走向社会主义生态文明新时代。

　　胡锦涛主席的讲话，更好地印证了我们进行绿色城市建设的思考，是符合国家未来需要的，也是和我们的生活息息相关的。因此，这个时候，我们这本借鉴苏黎世而创作的绿色北京书，就显得有格外的意义。在这本书中，我们尽可能表现了苏黎世绿色都市建设经验的原貌，并列举了相关数据，在这里边有些是北京尚未思考和涉及的方面，希望也藉此得到借鉴。特别指出的是，**"绿色都市苏黎世"**是苏黎世建设绿色城市的公共服务机构，这个机构有效地统筹了各个部门，形成一致行动，共同服务于绿色系统，在北京，这样的机构还不存在，但是是非常有必要在下一步设立的，是我们希望出现在未来的隶属于市政工程和环卫部门的公共服务机构。

　　我们写作这本书的目的，是为了和更多关心环境的人来探讨未来之路，我们特别希望您可以就城市生活中绿色区域和开放空间提出宝贵的意见。由于笔者的水平所限，对于这个课题的研究还有很多需要进一步补充和深入的地方，希望更多的关心绿色城市的有识之士能够进行更有建树的研究。

序

概　况

北京的发展日新月异，这个绿色都市也给自己提出了新的课题和挑战，那就是，在绿地和开放空间、基本观念和环境教育方面进行整体规划，并开展追求实效的行动。对于一个城市而言，进行大规模的绿化相对容易，而切实做到如何让人与绿色相处，将居民的生活融入环境，真正发挥环境给予人的作用，就是一个值得深入研究的课题了。

在这本书的写作过程中，我们认真借鉴了瑞士的成功经验，在苏黎世，有一个隶属于市政工程及环卫部门的公共服务机构，叫做**"绿色都市苏黎世"**，这个机构的很多经验会对我们的未来颇有启示意义。

在将北京建设成为绿色国际都市的过程中，我们需要将各主题区进行分类，这是一项很有科学性和艺术性的工作，目的是使这些主题区能够一目了然，易于理解，而且方便制定具体的目标。同时我们需要将长期战略目标和短期具体计划联系起来。本书就是我们设想的行动纲领和指导方针。

为了进行整体规划，并进行追求实效的行动，我们需要按照有效的公共管理方式来调整绿色管理机构的组织形式。在北京市以及它的各区县，建议整个绿化行业开始整合。迄今为止，环境、园林和农业一直被作为单独的部门来对待，这是不可取的，应该促成整体的思考和行动。同时，还应该在此领域对全市的管理过程进行明确，这些管理过程应该将不同的层面连接起来并对管理提供支持。这里强调的也是追求实效以及开始整合。

于是，一个关于**"绿色都市北京"**的机构设想开始形成。

本书的写作目的和目标群体：

针对目标群体不同，该书的目的也不尽相同：

▶北京市人大，以供政策讨论和做出决议；

▶北京市政协，以供政策讨论和建议形成；

▶绿色都市北京市的市民，作为我们的愿景和规划目标；

▶北京市的相关政府单位，作为其进行规划时的参考资料；

▶北京市环保社团及其他合作组织，供其讨论并提供意见支持；

▶其他致力于绿化发展的单位以及对此感兴趣的专业领域的人士，以供大家交流经验；

▶教学与研究，以促进在科技方面的进一步发展并提供支持。

总之，本书的主要阅读以及执行群体是政府负责人、北京及其他渴望居住于绿色城市的市民以及对此感兴趣的专业领域人员。

本书的结构

在本书中，所有描述的主题区之间是紧密相连的。为了尽可能地降低相同或相似内容的重复，我们在目标范围和活动领域等方面，以表格的形式展示了本书中最重要的联系。

同样地，我们还把各个主题区编入"**绿色都市北京**"的结构中，并介绍了该主题区涉及哪些产品组和客户群。同时也表现出，该主题区会对可持续发展性的哪些要求和指标产生影响。本书可以借助索引进行有选择的阅读。

章节划分：

▶**北京市的未来**　在这里，以战略重点的形式讲述了未来的绿色机构对城市发展的贡献和成绩。

▶**可持续性**　这部分阐述了该书和绿色国际都市的目标是如何与可持续发展性联系在一起的，此处我们参考了瑞士的 MONET 指标系统。

▶**环境及趋势**　此章节讲述了该书中的核心主题所处的整体环境，以及需要注意的外部影响，趋势部分则指出了重要的整体发展。

▶**绿地和开放空间**　此部分描述了涉及空间的具体的主题区，包含对现今状态和 10 年后目标状态的描述、各个系数和活动领域。

▶**基市观念**　这里提及主题区的目标和活动领域，不仅涉及绿化空间及开放空间、环境教育，还涉及了规划行动。

▶**环境教育**　此部分阐述了绿化知识的教育目标和活动领域。

▶**实施机构**　此部分描述了我们应该将目标和战略经过哪些流程加以实施，有哪些资源可供我们使用，以及如何定义活动价值。

绿色北京书的制订

在共事人员的协作参与下，在与重要伙伴的对话中，我们完成对未来的规划，这种思想的交汇和通力的协作将是"**绿色都市北京**"的文化精神。

有很多从事绿色工作的人员以及相关专家都参与了本书的完成过程或提出了宝贵意见，大家对每一个重点都进行讨论，并对不同的理解和概念进行反复讨论。我们一直坚持对规划的实践性和可操作性进行检验，在这个过程中，所有的参与人员都表现出高度的责任感，这些都保证了本书规划的高度可行性。在此，我们特别感谢刘胜先生，他为本书拍摄了部分图片。

报告草案经过详细的商讨并采纳了多方意见。在征集意见的过程中，我们参考了下列政府部门的研究成果，以及邀请了部分 NGO 组织和专家共同集思广益：

▶北京市园林绿化局，首都绿化委员会办公室；

▶北京市统计局；

▶北京市环境保护局；

▶相关行政单位；

▶绿色 NGO 组织；

▶相关领域专家；

▶农村及林业工作者；

▶其他相关人员。

绿色北京书的制订过程

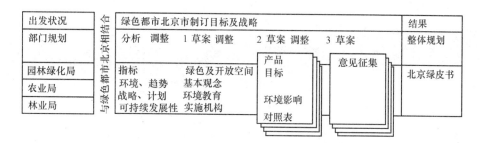

出发状况	与绿色都市北京相结合	绿色都市北京市制订目标及战略			结果
部门规划		分析　调整　1 草案 调整　2 草案　调整　3 草案			整体规划
园林绿化局		指标　　　　绿色及开放空间	产品 目标	意见征集	北京绿皮书
农业局		环境、趋势　基本观念			
林业局		战略、计划　环境教育 可持续发展性　实施机构	环境影响 对照表		

与时俱进的规划设计　本书是对北京市以前规划的进一步思考，更多地体现了人与环境的关系，比如对照著名的绿色城市苏黎世，其最新的城市规划，也是在之前的规划基础上进一步完善的，像他们 1986 年的"开放空间计划"是在建筑及区域分配中保障土地权利的一个重要基础。1999 年的"开放空间计划"特别强调了提升河岸空间价值及景观开发计划。今天苏黎世的绿化空间及开放空间的高水准和由此带来的绿化效果都是得益于这两本基础著作。这个对于我们建设绿色都市北京也同样具有借鉴作用。

推陈出新的创新因素　总体来说，这份关于绿地、开放空间和环境教育的整体性综合文章可以说是创新性的，它在战略层面、计划层面和实施层面之间环环相扣，通过环境影响对照表和标杆分析法进行系统的成果监督，这些都是创新方面。

同时我们还看到，在单独的主题区中，创新因素差异很大，因为某些领域在今天就已经有很高的标准，这些标准在十年后也不会有显著变化。

永无止境的追求目标　虽然已取得了很多可喜的成绩，但是，我们也不能忽视，维护绿色效应及加强环境保护将是我们要不懈努力并为之继续的任务，政府也有责任和意愿为居民提高绿化效应。总之，提高未来的生活质量，现在是，将来也是，——我们面临着的一个激动人心的挑战！

目 录

北京的未来

可持续发展

环境与趋势

绿地和开放空间

基本观念

环境教育

实施机构

附　录

北 京 的 未 来

一座国际化开放性城市；

一座不断创新和充满活力的城市；

一座有吸引力的居住城市；

一座拥有高生活质量的城市；

一座对生态和社会负责的城市。

北京的未来

为了建设一座可持续发展的城市，我们确定了未来的方向：

北京是……

——一座国际化开放性城市并且是一座宽容的城市，它与全球相连并保持良好的关系；

——一座在国际上享有重要地位的不断创新和充满活力的城市，是一个财政稳固的文化古城、科技之都和经济基地；

——一座有吸引力的居住城市，人口稳定，与就业保持均衡状态；

——基于它的地理位置、文化、城市基础设施和环境条件，它是一座拥有高生活质量的城市；

——一座对生态和社会负责的城市，对它的相邻省来说是一个实力雄厚的伙伴，对整个中国来说是政治经济文化和资讯中心。

"绿色都市北京" 的未来

　　"绿色都市北京"是我们希望出现在未来的一个公共服务机构,在环卫和绿化方面发挥为居民服务的功能,关于它的战略重点,我们重点参考了**"绿色都市苏黎世"**的做法,这个机构已经非常成熟并在过去三十年里为苏黎世的绿色之路的发展起到了非常重要的作用。为实现可持续发展的绿色效应,**"绿色都市苏黎世"**包含了十大战略重点,这也是对本书中的明确的目标和活动领域最重要的启发。以下就是围绕都市绿色效应和生态文明的战略重点:

　　一、生活质量:"绿色都市苏黎世"在密度日益增大的城市空间中,坚持提供一流的绿地和开放空间。它为居民、务工人员和游人提供了多种休闲、运动、会面及感受大自然的可能方式,并以此得到了人们的肯定。

　　二、自然多样性:"绿色都市苏黎世"按照自然规律,开展绿化生产并对环境进行照料,将生活空间相互连接起来,并实施针对性的保护措施,大力促进物种的多样性。这些措施在民众中具有很高的认可度。

　　三、绿化知识:在绿化知识方面,**"绿色都市苏黎世"**在从幼儿园至高等院校里的教学与研究中,不断加强环保意识的教育。充满趣味的自然教育一直是知识之城苏黎世的一个重要组成部分。自然学校、植物园、城市园艺等都是公认的受欢迎的绿化教育地点。

　　四、对第三方空间的影响:通过咨询、合作以及提供项目支持,**"绿色都市苏黎世"**不断致力于提高其他服务部门、住房开发商及私人的绿色空间的质量。

　　五、保持土壤肥沃度:"绿色都市苏黎世"通过提供咨询以及遵循环保科学要求的照料和生产,避免过多的土壤负荷,以保持土壤肥沃度。

　　六、多样性、充足的休闲空间:"绿色都市苏黎世"为人们提供了有吸引力的而且符合需求的开放空间。在一些供给不足的区域,它还开放了一些专用开放空间,或者是建立了新的绿化设施,供人们在自由时间内使用。

　　七、社会责任:绿色空间有利于促进不同居民群体及不同社会阶层间的融合。同时,**"绿色都市苏黎世"**还为很多手艺娴熟的身心障碍人士创造了适应性的工作岗位。

　　八、交流及参与:我们致力于加深民众对不同绿化发展阶段及模式的理解,激发他们在丰富多样的城市绿化中寻找乐趣。绿化空间的发展在相关机构及人士的参与下不断得到推进。

九、整体规划：**"绿色都市苏黎世"** 通过对城市内以及城市界限外进行跨学科的规划，努力追求长期而且整体的绿化发展。这种整体规划保证了各个规划层面之间的和谐过渡，确保了计划的顺利执行。

十、追求高效的行动方式：**"绿色都市苏黎世"** 根据需求开展绿化工作，并对效果进行系统的衡量，不断进行改善以更加满足居民的需求。

以上是苏黎世的成功经验，会为**"绿色都市北京"** 提供很多借鉴。

绿色苏黎世

可 持 续 发 展

- 社会团结
- 经济表现
- 生态责任与生态文明

根据 MONET 指标系统来看可持续发展的几个要素：

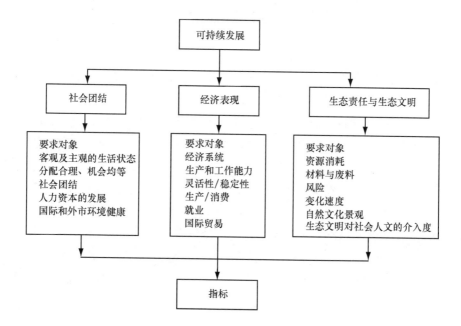

可持续发展能力

1992 年，在里约热内卢举行的联合国环境会议通过了 21 世纪议程。这标志着，各国必须制定一项可持续发展政策并将其贯彻实施。自从将这项政策提上日程之后，中国就一直面临着这样一种要求，即制定出可持续发展的政策，以及建立监测可持续发展的措施和方法。瑞士在此方面行动较快，在 2003 年，多个联邦部门及 24 位专家共同确立了"MONET 指标系统"，以对此进行监测。MONET 是针对瑞士可持续性发展的监督管理装置。它是联邦统计局（BFS）、联邦环境局（BAFU）以及联邦空间发展局（ARE）的共同产物。MONET 指示系统从社会、经济和生态的可持续发展方面测量和记录瑞士目前的环境和发展状况。

可持续发展的定义　目前世界对可持续发展的公认概念源于布伦特兰报告，即"既能满足我们现今的需求，又不损害子孙后代并能满足他们需求的发展模式。"MONET 指标系统正是以这一定义为根据而建立的。

可以衡量并检查的可持续发展能力　MONET 指标系统中描述了超过 160 项的指标，其中瑞士目前在使用的大约有 120 项。它们与 45 项要求对象相关联，这些要求指明了方向，具体化了可持续发展的目标。2005 年，该系统成功应用到瑞士 8 个联邦州和 14 个城市。在所有系统中都不能忽视的是，各个指标只能逐项做出报告，指标之间有部分会相互矛盾而且会加以不同的权衡。所以，我们应站在跨学科的整体角度上来看待可持续发展能力。同时，效应评定应以开放的、不断发展的图像来展示。

本书中的可持续发展能力　很显然，"绿色都市苏黎世"的工作范围也涉及可持续发展。自 2002 年起，市政府就将可持续发展定义为战略重点之一，并将其作为衡量城市管理工作的标准。2004 年，苏黎世的第一份可持续发展能力报告出台，该报告依据 21 项指标制定，阐述了苏黎世的整体发展状况。在此之后，又按照 MONET 指标系统，制定出各项要求和指标，并在实践中加以检验。本质上这些指标范围更加广泛，因此他们更能完整的覆盖"绿色都市苏黎世"的工作范围。

从本书中可以看到，每个主题区中都以表格的形式展示了与 MONET 系统的要求和指标之间的联系。"绿色都市苏黎世"还制定了一套环境管理体系，以不断从内部优化可持续发展性，该管理体系已通过了 ISO 14001 的认证。

环 境 与 趋 势

绿色北京

环境与趋势

居民对生活质量和绿色都市北京的要求 北京的市民越来越热爱这个城市，这种热爱体现在对城市事务的关注度和参与度上，不管是赞扬还是批评，不管是包容还是公布，人们更多地开始关注所生活的这个城市，关注未来发展。

在这一章节里，我们要充分了解**"绿色都市苏黎世"**的做法，以资借鉴：

在苏黎世，每隔两年就进行一次民意调查，其中可以看出：苏黎世的居民热爱他们的城市，90%的受调查人员表示他们很喜欢或者喜欢居住在苏黎世。关于生活质量，接受调查的居民最常提到的词语为整体环境、居住环境以及空闲时间和休闲空间，这些都是**"绿色都市苏黎世"**为之不懈努力的领域。虽然居民对绿化设施和公园表示出满意态度，但是他们也提出了很多重要的意见，给工作带来改善空间。对于**"绿色都市苏黎世"**的工作，88%的受调查人口表示非常满意或者满意，7%表示不满意，另外，还有5%不发表意见。

从空间规划到空间设计 在苏黎世，目前可以听到来自各个方向的意见，居民们要求建立新的空间发展模式，并制定和出台相应规定。比如，他们要求加强建筑密度、征收有利于降低土地使用的经济诱导税、确定优先使用权、避免景观的无计划扩张、坚定的执行相关法规或者改善交通拥堵等。

相比而言，瑞士联邦空间发展署（简称 ARE）就尝试将这些各式各样的要求加入他们的工作中去以建设苏黎世这个城市。

对苏黎世来说，最重要的内容有下列几条：

▶服务型经济的发展是城市化加深的重要原因之一。

▶城市中心地带的流动劳动力差额（流动劳动力差额指的是，某一地区经常外出工作的人更多，还是从其他地区来该地区工作的人更多）在最近30年内翻了三番。

▶人口密集区和中心城市之间的合作严重缺乏。

▶土地消耗依然是约为 1 平方米/秒，其中大约有三分之二用于建筑物及建筑物周边，三分之一用于交通。

▶全苏黎世有 60000 公顷的建筑区还没有建设高层建筑，如果不加大建造密度，大约还可以为 250 万人口提供居住空间和基础设施。

▶约有 50 万人口居住在建筑区外。同样地，约有 13% 的建筑计划涉及了建筑区外的土地。

▶空间规划面临的最大挑战是，必须考虑到各个政治层面间的利益均衡和稳定合作。

土地增值税及土地用途变更　在未来的几年内，有两项税种会影响空间发展，并会引发政治讨论。但是这两项税种会实施到什么程度，我们目前还不确定。对苏黎世提出的非强制性法规（空间规划法第五条）内容如下：为保证可持续发展能力，要实行土地增值税及规划盈利。环境保护协会对这个问题的关注度日益增加，他们更加明确清晰地提出了这种要求。

苏黎世市区和郊区县的空间及住宅区发展　苏黎世大约六分之一的土地属于建筑区，截至今天，其中约有 62% 已经被开发。苏黎世市区的建筑区开发明显高于农村的开发，这里的建筑程度为 93%，扩建程度为 72%。

过去的 15 年中，苏黎世的建筑区使用量平均约为 160 公顷，约为每年 8 公顷。在使用量保持不变的情况下，苏黎世现有的建筑储备用地大约还够用 25 年，而城市里的大约还够用 40 年。城市中的多层建筑用地可以通过加大密度再扩展约 50%。

根据苏黎世房产保险的数据显示，苏黎世市区约有 800 幢楼房，大约建筑总额的 0.7% 位于农业及林业用地上。在整个苏黎世约有 30000 座楼房，约有 6% 位于农业及林业用地上。在过去 20 年中，苏黎世的居民人均建筑空间需求上涨了 11%，即每 122 平方米 1 人。

为实现可持续的居民居住空间的发展，苏黎世市确定了下列目标：

▶应通过内部建筑发展来达到节约使用土地的目的。

▶应减少交通工具的尾气排放量，提高能源效率。

▶应该美化生活空间，加强景观建设，减少建筑区外的建筑增长。

苏黎世公共场所评价　受苏黎世市议会经济代表团的委托，国际知名专家对苏黎世的公共场所进行了评价，并就此出具了鉴定。鉴定结果展示了一副积极的苏黎世形象，主要有：

▶城市景观极具吸引力，视野优美，位置便利。

▶可以在公共场所中明显感受到季节和气候变化。

▶苏黎世具备一个大都市应有的所有品质，并展示出很好的效果。

▶通过公共场所以及其周围的景观可以确定，苏黎世是一座绿色城市。

▶苏黎世的特征很大程度上受到它的历史、建筑、空间和交通工具的影响。

城市管理工具　为了能使苏黎世在未来更加美好，城市管理部门制定了各种管理工具，例如，制定设计标准、发布公共设施的元素目录、保证居留质量清单以及关于公共场所中艺术的相关规定。

建筑及区域规章（简称 BZO）给开放空间带来了什么？在开放空间计划、自然财产清单、溪流计划等管理工具以及各种活动方案的辅助下，"建筑及区域规章 99"这样的规定对绿色空间及开放空间整体的发展来说比较有益，虽然必须承受一些土地面积上的损失。现在苏黎世的主要问题集中在各个居民区中绿色空间供给的不同，以及对专用开放空间的高度需求，比如运动领域使用的开放空间。工业及服务业区的开放空间指数限制在 10% ~ 15%，这一指数太低，因为这里涉及的大部分是服务型企业，所以这类企业的员工会高强度地使用开放空间。

不管是在苏黎世还是北京，作为土地紧张的地区，我们倡导将平屋顶的绿化以法律形式确定下来，这对气候及水分平衡起到积极的影响，尤其是在目前土壤密封越来越严重的情况下，这一措施就显得特别重要。通过加密建筑及继续提高建筑利用率，我们可以将土地利用保持在一定的范围内。更加重要的是，要保证高质量的建筑加密，不能损害开放空间的需求。

其他城市的绿地和开放空间　其他城市是怎样规划它们的绿地和开放空间的？在这方面，北京在国际比较中又处于一个什么样的位置？为了找到这些问题的答案，除了苏黎世，拉珀斯维尔大学对北京、柏林、汉堡、法兰克福、弗赖堡及斯图加特的规划材料进行了分析。从这些事例中，我们得到了这本书中的一些启发。

通过对这些德国城市的研究，我们首先发现：相比北京，这些德国城市的周边地区更加广泛地参与到规划中。这表示，在北京也应该更加关注地区界限外的区域。在绿化空间及开放空间领域进行的区域性合作是一种共赢的方式，比如，开放空间联合或者与园林发展规划相联系。

一般来说，在德国与在北京一样，都要求居民能够积极参与到规划中。另外，在德国开放空间的质量也是要比数量更加重要。

相比于德国城市，我们的一个优点就是规划易于实施，德国城市的整体规划方案与实施之间联系相对不太紧密。

在德国，绿地在竞争生产要素方面起到的重要作用似乎在很久以前就得到了重视，而且重视程度明显超过了北京。比如，"汉堡绿化网络"或者"法兰克福绿色地带"得到了广泛的宣传，并且以此创造了一种城市特色。

我们再来比较下著名的绿色之国——瑞士，苏黎世市议会规定，每个居民在步行可达的公共范围内，应享有 8 平方米的开放空间。其中，约有四分之一的居民没有享受到规定面积的开放空间。与其他城市相比，这一规定数值相对较低。汉堡是 13 平方米，而在慕尼黑更是要提供 25 平方米的开放空间。在城市间进行的生产要素竞争中，这些数字起到越来越重要的作用。众所周知，开放空间在苏黎世是一种紧缺资源。因为需求量大于供应量，这就必然会产生争论，必然要结合各方面资源谨慎地进行权衡，比如在运动场地和家庭花园之间的权衡。为了能在规划中考虑到未来的要求和开放空间的供给，**"绿色都市苏黎世"**开发出了一种特殊的模型，即"苏黎世的开放空间供给"。凭借这种模型，可以分析苏黎世的现状，模拟发展状况并且进行预测。

绿地有什么价值　位于波恩的瑞士联邦经济事务总局（简称 SECO）对景观给瑞士旅游业带来的收益进行了调查，保守估计，每年得益于景观的收益约为 25 亿法郎。

同样的，森林的价值也以各种形式进行了计算。根据瑞士联邦环保、林务及景观署（简称 BUWAL）2005 年发布的报告 —《森林的经济价值》— 显示，仅森林的休闲价值一项每年就能带来大约 100 亿法郎的收益，或者是说每个成年居民 1778 法郎。根据联邦森林、降雪和景观研究院（简称 WSL）的一项最新科学研究显示，苏黎世的森林休闲价值达到了每年 3000 万法郎。

当然，如果一定要对森林及景观的经济效益进行计算而且一定要找出一个价格，这可能会让人感到奇怪。早在 80 年代就有一位生态学先驱 Frederic Vester 对一只蓝点颏的价值进行了计算，并将其确定在 237. 16 法郎。在这里很有意思的一点是计算过程，抗害虫、种子传播、生物指示、悦耳的叫声及赏心悦目的外形等这些以何种方式计算到效益中去。

在二氧化碳排放税方面，它的价值可以得到更加具体的计算：京都议定书规定，如果瑞士到 2012 年没有达到气候目标，需要购买碳排放牌照来抵偿该缺口。根据瑞士联邦环境、运输、能源与通讯部（简称 UVEK）及瑞士环境意识管理者协会（简称 SBU）的估算，该价值为每年 2 - 3 亿法郎。

众所周知，离绿化空间距离越近的不动产价值越高，但是单独来看却很难证实。

进行分析及预测趋势　2003 年底，瑞士联邦环保、林务及景观署就该国景观的发展状况公布了一份综合评述，其中包含对景观产生影响因素的重要发展趋势。在报告中确定了瑞士到 2020 年应达到的指标及目标。它指出，在瑞士有一些指标和发展不尽如人意，比如土地密封程度、土地有害物质污染及生态网络等方面。而在其他指标和发展方面，瑞士取得了较好甚至有的部分还取得了非常好的成绩：比如，在河流湖泊的方便性、物种多样性、居住区附近的休闲区域及步行道开发等方面都取得了积极的成绩。另外，在下列方面瑞士也取得了令人满意的成绩：建筑区外的建筑比例较低，对生态农业的重视程度较高，此外，还体现在森林储备、水质、景观形象、景观发展的参与程序、保持可持续发展性措施、居民较低的居住面积以及溪流开放等。整体看来，在联邦环保、林务及景观署的目标和瑞士实际状况之间的比较结果比较积极。北京作为首都，相比瑞士我们要避其短，取其长，学习保持这种积极结果，可能的话还要更加改善。

保持并促进生物多样性　城市里的物种多样性远远大于农村，因为在农村通常要种植同样的作物。追求多样化的动植物群是——将来也会是——我们的一个重要目标。转基因种子致使农业更加向着单一种植的方向发展，由此带来的机遇和风险我们早已熟知。我们通过不同的物种促进计划、高比例的绿色农耕地、大面积的自然森林覆盖、各式各样的屋顶绿化以及其他措施保证和发展了物种多样性。

环境保护成为一个经济因素　根据世界自然基金会（简称 WWF）、瑞士环保管理教育基金会（简称 PUSCH）以及瑞士联邦环保、林务及景观署（简称 BUWAL）的调查结果显示，目前环境保护作为一个经济领域正在蓬勃发展。由于环境保护条款众多，一直以来它都被认为是造成经济缓慢的重要原因。人们认为，环境保护只会耗费大量资金，占用补贴，因此它曾多次被否定，这是一个严重的误区。在过去 8 年中，环保物资的发展速度远远超过瑞士国内生产总值的平均增长速度，工作岗位明显增长。但是，虽然发展趋势走向积极，瑞士经济还是不能保住在很长时间内占有的龙头地位。瑞士作为环保经济的先驱国家已经成为过去。现今，一些邻国实际上已经赶超了瑞士。

中国目前已经清楚地意识到环保的重要性，之前粗放式的发展带来了大量的环境问题，不仅恶化了人们的生活环境，而且从长远来看也不利于经济的发展。中国目前大力提倡战略性新兴产业，发展生态文明促进经济与环境的和谐相处与平衡发展。

温室气体　温室气体问题是全球面临的共同问题，伯尔尼大学的环境物理学家成功提取了最后 8 个冰期时期的空气。以此成功证明了，目前大气中的二氧化碳浓度比过去的 650000 年大约高出 27%。

微尘的天然过滤器　不管在北京，在苏黎世，还是在世界的其他城市，微尘作为一种环境问题越来越为人们所重视。从这一角度来说，城市的植被又拥有了一个新的意义。卡尔斯厄大学和埃森大学就沿路树木和其他植被系统在防止空气中危害物质方面起到的过滤作用进行了研究。很明显，迄今为止，我们一直大大低估了它们的作用。一株正常成长的阔叶树可防止高达1000公斤的粉尘，这主要是因为它的叶片面积约是植株占地面积的10倍。两份报告都指出，茂盛植被的屏障作用明显超过了人工粉尘过滤器，当然这两者并不相互排斥，而应该是相互补充。

自然大会宣言 2006年3月第一次自然大会召开。这次国际会议应该是对环境发展进行定期检查的开始。大会发表的这份宣言主要包括8项要求，其中有几点对北京来说具有特别意义，下面对这几点进行了归纳：

▶**自然公园**：必须建立新的国家公园和地方性公园，这需要有足够的财政资金来支持。全球各国都需要制定严格的规范来维持生态及景观的多样性。

▶**居住空间——城市中的自然**：居民区规划和建造工作应该有利于自然，有利于人类。

▶**生物多样性**：居民、政治和经济领域都应该对物种多样性的重要性保持高度敏感。北京也需要制定一套物种多样性战略，以及储备快速实施该战略所需的财政资金。

▶**气候**：到2050年，温室气体量要下降到1990年水平的50%。这需要实行二氧化碳排放税，企业也要采取自愿措施，例如，在产品上要标明它对气候产生的影响，以引导消费者进行环保消费。

▶**农业**：在耕地上促进物种多样性必须要对产生的损失进行补偿。经济领域应该优先对待环保农业。在签订贸易协议时，应优先考虑生态产品。

▶**信息与教育**：在信息、敏感度及教育方面需要一股新的浪潮，对此国家应提供必要的资金，研究应建立在以实践为导向的基础上。

生物能在欧洲广泛传播 1997年，欧盟在"可再生能源白皮书"中确立了这样一个目标，即到2010年要将可再生能源的比例翻一番，提高到12%，目前看来已经实现。在生物能领域，斯堪的纳维亚半岛国家和奥地利积累了尤其丰富的经验，在这两个国家均有生物质能电热厂。在瑞士的供暖市场上，生物质能占了10%的份额，是最重要的可再生能源，但是多数是小型及超小型设备。目前它的份额仍处于增长趋势，中大型及大型的设备数量也在不断增加。如果能对生物质能量加以合理利用，它可以成为原料生产领域的新支柱。欧盟委员会估计，未来在能源效率提高的情况下，可再生原料可以提供所有能源总量的1/3左右。

瑞士景观保护基金会在2001年的一份研究报告中指出，联邦瑞士直接或者间接投入的900亿法郎会对空间产生影响，其中约有90%偏向于加重了景观负担。"景观 2020"要求联邦在为对空间产生影响的试点项目提供补助金时要考虑到自然和景观。目前，迫切需要联邦在资助政策、财政政策及税收政策等领域进行变革，或者必须重新定位，以建立一套综合的土地使用政策。

保护土地不受污染 如果土壤受到有害物质的污染，特别是重金属污染，可能就不能或者很难再生，因此我们必须合理利用土地，还要避免以其他形式对土壤造成损害。根据农业部门估计，瑞士约有 10% 的国土面积受到铅、铜、镉、锌四类重金属中至少一类超标重金属的污染。人们尝试通过种植向日葵、玉米或者烟草来缓解对土地造成的损害，但是结果令人失望：要达到显著改善的目标，至少要持续几个世纪。而在中国，全国 3 亿亩耕地正在遭受重金属的污染，占全国农田总数的 1/6。2011 年通过了重金属污染防治综合规划，将重金属污染防治的重要性提升到具体实施阶段。

降低污染、减少农药 目前，在瑞士未发现有加重土壤污染的趋势：瑞士农业中矿物磷肥的使用量在 1990—2000 年间下降了 75%；目前，它的使用量是 1950 年的 1/2。1990—1998 年间，矿物氮肥的使用量减少了 14%，但是仍明显高于目标值。同时，瑞士在过去 10 年中农药的使用量也下降了大约 30%。

农业 基于目前的经济形势，在瑞士，企业的数量会继续显著减少，每个企业的面积会相应的增加。瑞士农业及农业知识研究院（简称 FAT）为农业结构模式设计了情景预测。其中一种认为，若进行完全的农业自由化，大约有五分之一的可耕地会消失或者说大部分会荒芜。但是也有与此相反的趋势：欧洲农业研究的第七项框架计划为未来的 7 年准备了约 25 亿欧元的储备资金。目的是，为可持续发展能力、生物技术、人类及食用动物的健康和幸福而去改善产品及生产过程。虽然今天数量追求还是占据统治地位，但这也许标志着要对质量追求和数量追求之间重新进行权衡。

森林和水 瑞士的森林面积以约 1.5 平方米/秒的速度增长，特别是在阿尔卑斯地区有一些废弃的耕地逐渐长成了森林。这种发展趋势可能还会加强。瑞士大约有 42% 的地下水域位于森林之中。通过渗透到地下的降水，每公顷森林下平均每年约能形成 3000 立方米的地下水。约 80% 的饮用水来自于泉水和地下水资源，其中很大一部分是来自森林中的泉源。一般情况下，饮用水的质量特别高，几乎没有受到任何不明异物的污染。森林种植能够促进和保持较高的水源质量。瑞士的饮用水消耗量自 1981 年起从每人每天 500 升下降到了 400 升。

光污染 这是一项新的环境问题，在错误的生物钟时间里制造过量的人造光会对生态产生消极的影响，并可能损害物种的多样性。科学家已经确认，在居民区附近受到大量光照的湖泊中，海藻种类和水中生物链关系都会受到干扰。在接受强烈光照地区生长的树木通常抽芽较早，这样就增加了树木受到霜冻危害的可能性，或者是它们在秋天还保留有树叶。根据卢米埃计划，苏黎世将会提高光照质量，以防止光照量增加并且避免多余的光辐射。北京近年来也越来越重视光污染的问题。

自然学校和环境教育　最近几代人与自然接触的机会相对较少。**"绿色都市苏黎世"**早已认识到了这一问题，并已于 20 年前就开始推广森林与自然学校。**"绿色都市苏黎世"**打算推出更多的选择，在城市社会和自然之间建立起更多的桥梁。这个问题对于北京而言，是一个新的课题，需要建立专门的绿色教育机构，或者在现有的教育内容体系中，加入环境教育的内容。

教育之城的绿色实验室　瑞士在与自然相联系的教学与研究方面有着悠久的传统，而且在国际上也享有一定的声望。教育业的结构改革给自然教育带来了新的潜力。苏黎世联邦理工学院、苏黎世大学、联邦森林降雪和景观研究院（WSL）、联邦水质科学技术研究所（EAWAG），以及维登斯维尔和拉珀斯维尔两所应用科技大学共同构成了一个针对自然和景观的教育及研究机构圈。在自然和景观课题方面，苏黎世及其周边密集区就是一座有吸引力的"绿色实验室"，引起了很多研究学者的兴趣。

绿色促进健康　北京目前有很大一部分的居民体重超标，而且这一现象仍处于上升趋势。尤其令人担忧的是，儿童及青少年的活动量缺乏现象越来越严重。我们都很清楚，现代社会受到一些典型的健康威胁。为了促进居民及务工人员的健康，北京研究出一条应对策略，并且定期制订健康报告。健康的饮食、规律的生活习惯、充足的绿色空间、亲近自然以及防止环境污染等，都是我们在追求健康时需要注意的重要方面。

不同研究显示，相比于远离绿色，人们在绿色空间内可以更快更好地得到放松。如果病人可以享受绿色环境，他的住院时间会明显缩短，而且需服用的药物数量也会减少。学生在绿色环境中可以更加集中注意力，在考试时明显取得更好的成绩。

瑞士联邦卫生局制订了一项"关于环境与健康的行动计划"。目前，瑞士高校对这个课题的关注程度也越来越高。人们可以好奇地期待，他们会有一些什么样的新发现。

健康饮食　目前在北京市场上，有机食物成为人们倾向购买的消费取向。不但新鲜的水果和蔬菜比温室种植出的味道更好，而且已经得到科学证实的是，科学饲养的动物肉质比传统生产的肉质更加健康。疯牛病、禽流感以及其他瘟疫促使消费者要求对食物来源进行标注。一些高价优质食物的因素，如质量、新鲜度、合理的动物饲养方式、生态栽培过程以及权威的专业咨询等，又重新获得了关注。公共部门可以凭借它的市场操纵力发出一个引导信号，以促进这种积极趋势的继续加强。

果树　果树是一个重要的衡量指标，在过去的50年中，瑞士接近80%以上的果树消失。它们可能被集约农业所代替。现在瑞士食用的大部分水果都是产自地球的另外一端。目前，苏黎世大约有5000株的高大果树，其中一半以上已经是老果树。果树数量在中期内应达到10000株，以丰富景观和生物多样性。

爱护动物　北京在保护动物方面做出了很多创新工作，这种状态应该继续保持。农业类企业中，大部分食用动物的饲养方式都很规范。在瑞士，朗根贝格野生动物园的场馆宽阔，代表动物园界的新水准。早在75年前，苏黎世就已建有野生动物保护区。有专业的野生动物看守人负责野生动物的饲养和保护。

在城市里要正确合理地饲养犬类需要注意很多问题。在养犬人和开放空间的其他使用者之间不可避免会产生矛盾。但是其实只有一小部分的养犬者不遵守社会规则。绝大多数的饲养者都会将狗的粪便清理到指定收集点。

另外一个问题是，我们现在发现有越来越多的人给狐狸、鸽子、水禽等野生动物喂食，这是一种错误的关爱动物的行为。

在公共场所内的消费行为　北京的大街上我们经常可以看见小广告，当然这种现象越来越少，在某些公共场合，还是存在乱扔垃圾的行为，Littering是指在公共场所内留下废弃物或者乱扔垃圾的恶习，相关部门需要付出越来越高的费用才能保持开放空间的洁净。维持一个地方的干净整洁是一种社会责任感，而现在的人们好像这种责任感并不是很强烈。

绿化和交通　交通和开放空间对我们提出了不同的要求，而且这些要求有时会相互干扰，因此必须将两者协调好，在交通规划中要重视绿化要求。将步行街道及自行车道合理的整合到开放空间系统中，具有非常重要的意义。在长期的交通战略中，必须恰当的考虑到绿色空间的作用。比如，通过给高速路加顶让我们重新获得了更多的绿化空间。

特色和传统　在瑞士，一年一度的六鸣节上的燃烧柴把、木柴竞拍、木材协会的义务劳动、农场主的动物表演、鸟类权益保护者的志愿工作、美化环境协会的工作——所有这些都是苏黎世的特色标志，也是特色活动将居民和他们的绿化空间紧密地联系在一起。另外，每年举行的"执手绿色"活动也维护了人与景观之间的紧密联系。在北京，每年都有各种规模的集体植树活动，已经成为北京市绿色活动的传统。

在绿色中的融合和交流　通过各种方式，不同社会阶层和不同文化以自然的方式融合在一起，比如，人们互相在绿化方面提供协助，运动场地上有不同文化的团体、住宅花园或者休闲花园中的混合组合等。人们互相帮助，互相交流，互相赠送自己种植的蔬菜。整体来说，由于独立家庭中人们的个性化和个体化发展，人们想要寻找一个社会交流对象的愿望越来越大，而公共的绿色空间就为此提供了一个很好的舞台。

户外的学习场所和工作岗位　更多的学徒岗位、义务工作之类的项目、非营利性活动、劳工市场补充和志愿者工作等——这些都是可以促进身心障碍人士更好适应工作的重要活动。户外的学习和工作岗位为实践能力强的人——特别是青少年--提供了自我发展的良好机会。这也是维护绿化的另外一项重要的社会任务。

绿 地 和 开 放 空 间

绿色北京

城市环境

北京是一座绿色的城市，它悠久厚重的城市历史和葱郁迷人的湖光山色尤其得到世人们的盛赞。作为中国的政治经济文化中心，这座城市交通便利，拥有相对高品质的城市开放空间的框架结构，如设在人口聚集区的医疗机构、教育机构等。这些都为这座城市中高品质的生活增色不少，而这些优点也都是这座城市的财富，是一笔超出了区域性的，需要维护的，建立在与其他城市的伙伴关系基础之上并不断发展的财富。

绿色北京书、"绿色都市北京"的结构
及可持续发展之关联主题

绿色北京书		绿色都市北京结构	可持续性（MONET）
主题	**页数**	产品系和产品	基本要求
绿地和开放空间		**领悟自然/促进自然**	**社会凝聚力**
公园、广场和公共用地	33	生态多样化/拓展生存空间	满意度和幸福指数
开放空间的利用	126	自然界	社会福利和重点发展
森林	79	**自然界/开放空间**	**经济效益**
农业	93	森林疗养地	为社会福利服务的经济制度
基本观念		农业	**生态责任**
生态多样化	105	绿地和开放空间的规划	生活自然基础的保养
环境	113	**支柱型产品**	保护生态多样性
环境教育		顾客群	保持生态平衡
绿色知识	151	科研工作者	为生活增色的自然人文风光
自然体验公园	168	疗养者	指示物
实施机构	175	居住或工作人士	**社会凝聚力**
		建筑师或设计人员	生活普遍满意度
			相同的环境
			居住区周边环境满意度
			居住区周边疗养设施的提供
			地区事务中的参与机会
			生态责任
			农业用地面积
			景观的多样性或城市风光
			舍弃的建设区域
			地表植被的多样性
			国家自然保护区
			生态平衡区

现今的城市环境……

现如今，已开发区域、未开发区域以及它们的各色地貌形成了这个城市独具特色的城市风光。北京有幸拥有了得天独厚的地理位置和迷人的景色。北京城市四周河湖棋布，八一湖、青年湖、雁栖湖、龙潭湖、昆明湖、北海、什刹海……如明珠般点缀在这个城市的版图上，碧波浩荡，滋养一方；北京背倚山脉，怀拥翠林，海淀香山、门头沟妙峰山、密云雾灵山、延庆松山、房山百花山、昌平蟒山……大气磅礴，山色秀美。北京有很多国家级景观与自然文化遗产，独特的地貌与多样化的地理景观使得这个城市成为了一个独一无二的居住和生活场所，而近年来北京在绿化方面所做的努力更是大幅度提升了这座城市的价值。北京是一个充满魅力的居住地，是一个大气而现代化的梦想之城，每年有无数的居民从外地来到这座城市，并将她作为自己最后的固定居所。

湖光山色与人亲，说不尽，无穷好 同样是闻名遐迩的充满吸引力的城市，我们将北京与苏黎世作一下比较。与其他许多欧洲城市不同，苏黎世位于一个巴洛克式的防御建筑的遗址处，城内也并没有穿城而过的绿化带。现今的苏黎世则更多的是由以下的景点组成：苏黎世湖、希尔（Sihl）自然保护区森林和里马特（Limmat）、乌特力（Uetli）、凯福尔（Kaefer）和齐摩尔（Zimmer）群山，它们是在冰川期留下的，现今已绿树成荫。还有像阿福滕（Affoltern）那样的农场也添彩不少。这座城市的空间分为几个部分，比如像阿尔门德·布鲁纳乌（Allmend Brunau）这样大面积的自由区域、私家花园、铁路交通、大型公墓、溪流、绿地还有林荫大道。美丽的城市风光使苏黎世拥有了更好的城市形象，它使市区有了一个标识，从而使居民们认识到自己是这座城市的一分子。令人神往的疗养区域也提高了这座城市的生活质量，尤其能积聚人气的是位于山坡上和森林附近的居住区以及鲜活的水上体验活动。对于城市营销而言，所有这些因素都是不可低估的资本。

建筑区域严保护，市区外，求发展 许多土地资源和老城区在现今都有计划地依法得到了保护，它们对于这座城市中独具魅力的跨区域性开放空间的设计来说十分重要。但是它们也因城市建设的发展面临了巨大压力。来看苏黎世，从 1970—1998 年，各州农林区域建筑物的数量增加了三分之一，在1998 年，当地 320 万立方米的建筑群仅在 62% 的农业利用中起到了作用。而后，增长势头迅猛的建筑业即遭到了遏制。受 1999 年土地规划法案修订的影响，市区以外的建筑地区规模持续扩大。稳定和减少整个州的城市建筑区对于保护自由的城市风光是一个必不可少的措施。同时，交通基础设施的建设对于城市景观和城市面积的缩小也有着巨大的影响。

北京同样如此，城市出台了一系列措施，并以严格的实施来保障这个城市的历史和风光得到最大的保护！在城市总体规划中，北京市综合了生态适宜性、工程地质、资源保护等方面因素，规划明确划定禁止建设地区、限制建设地区和适宜建设地区，用于指导城镇开发建设行为。禁止建设地区作为生态培育、生态建设的首选地，原则上禁止任何城市建设行为；限制建设地区多数是自然条件较好的生态重点保护地或敏感区，将根据资源环境条件进一步划分控制等级，科学合理地引导开发建设行为，城市建设用地的选择应尽可能避让。对于与限制建设地区重叠的城镇建设区，应提出具体建设的限制要求，做出相应的生态影响评价和提出生态补偿措施。适宜建设地区是城市发展优先选择的地区，但建设行为也要根据资源环境条件，科学合理地确定开发模式、规模和强度。

（1）规划将河湖湿地、地表水源一级保护区、地下水源核心区、山区泥石流高易发区、风景名胜区和自然保护区的核心区、大型市政通道控制带、中心城绿线控制范围、河流、道路和农田林网以及城市楔型绿地控制范围等划入禁止建设地区。

（2）规划将地表水源二级保护区、地下水源防护区、蓄滞洪区、山区泥石流中易发区、地质环境不适宜区、风景名胜区、自然保护区和森林公园的非核心区、山前生态保护区、基本农田保护区、文物地下埋藏区、绿化隔离地区，以及中心城外地下水严重超采区、机场噪声控制区等划入限制建设地区。

（3）禁止建设地区、限制建设地区以外的地区为适宜建设地区。

在胡锦涛主席的十八大报告中，在"大力推进生态文明建设"一章中也特别指出，"控制开发强度，调整空间结构"，"构建科学合理的城市化格局"，"严守耕地保护红线，严格土地用途管制。"

区域合作齐携手，出规划，展宏图 瑞士州政府的规划方针主要是保障以下设计计划：极具价值的跨区域开放空间结构以及其相应的自然和疗养价值。州内指示性规划已经出台，虽然一个局部的或者说是区域性的开放空间规划上的合作至今尚未形成制度，但是它还是已经使一些发展计划成为了现实，例如，在景观发展草案（LEK）和森林发展计划（WEP）框架内的一些项目，如里马特（Limmat）区域里的环境发展草案和普法恩施梯尔（Pfannen-stiel）自然保护网，抑或是希尔（Sihl）的森林发展规划。针对希尔（Sihl）

林区，荷根（Horgen）的地方政府正在进行一系列的磋商，打算把该林区建设成一个户外探险公园。

北京市在发展过程中非常注意和邻近省份的协同和合作，比如，北京市和河北省共同编制了《"十二五"京冀生态水源保护林建设合作项目规划》，计划通过 4 年的建设时间（2012—2015 年），在项目区境内的"一库五河"（官厅水库、潮河、白河、黑河、清水河、桑干河）营造生态水源保护林80.0 万亩。项目建成后，项目区内的森林资源将进一步得到增加，林木资源得到有效保护，区域空气质量改善，生态环境得到明显好转，特别是森林在涵养水源、保持水土、净化水质、防风固沙等方面的生态系统综合功能得到进一步发挥。据初步估算，项目区森林覆盖率将提高 7.10 个百分点，新增林地每年可涵养水量约 1600 万立方米，减少官厅水库、密云水库的泥沙入库量约 240 万吨，确保向北京提供"量更多、质更优"的生产和生活用水，全面推进"一库五河"流域生态环境综合治理进程，为首都北京建设世界城市提供充足、稳定的水源保障，为进一步加强北京市与河北省经济、文化、社会等领域的沟通和协作打下坚实基础，同时也为省际区域生态建设合作树立样板和典范。

十年之后……

北京因其既古典厚重又具有现代时尚的美景被世界给予了高度评价。河湖山脉的远眺风光、人性化的开放空间结构以及各种自然和人文景观，这一切都造就了她较之于其他城市更为优越的居住环境和更高品质的生活质量。设在人口聚居区的开放空间结构具有很高的价值，它们适合大众的需求，同时也得到了很好的开发。这一结构进一步保障了动物和植物生长空间之间的联系。城市景观作为一项公共财产也受到了高度的重视。由于是跨地区间的合作，这些景观得到了长期的保障，它们将按照计划进一步发展。

绿色的首都之城　在很大程度上是绿地给城市形成了一个绿化带，这一绿化带具有很大的功能性意义。城市内部有碧波荡漾的水域、大面积的开放空间、呈线形的空间结构、绿树成荫的园林地貌，这些都对城市景观产生了巨大的影响，从而造就了北京"绿色城市"这一称号。在北京的城市营销中，绿色品质这一标签成为这座城市最大的广告。成排的树木、荡漾的湖泊、路边的花圃是开放空间和开放空间结构的一部分，它们都赋予了这座城市的城区一个不易混淆的特质。城市中的居民对城市独一无二的外形和实用品质都给予了很高的评价。这一地区的水上活动也丰富多彩。蜿蜒起伏的山麓、开阔大气的视野提高了这座城市中的居住质量。不同的视觉角度、多种多样的景点给人们带来了不同于以往的城市体验。这一特点也让这座城市的绿色品牌更加突出。

针对性的有序发展　北京以有限的土地承载了两千万人口的生活，紧凑的建筑保证了城市土地的节省，它们运用现有的建筑区的储备用地。位于居住区的开放区域和休闲疗养区域满足了城市居民和工作人员不断增长的休闲放松的需求，也为动物和植物提供了高质量的生长空间。同时对于满足子孙后代的使用需求，也提供了储备资源。

居住区与开阔的自然风景之间的界限就像是被精心勾勒出来的一样。自然与人文景观引人入胜，它们都具有鲜明的地域性色彩，比如长城或者颐和园。在进行城市建设和交通建设的时候都是充分考虑到了真实的自然景观，经过了仔细而公正的斟酌之后才得以实现的。现在在建筑区以外很少有扩建的情况，破坏耕地的现象也越来越少。

参考链接：以下为瑞士苏黎世的参考数据和计划

	现今的参数	10 年后的目标
苏黎世州的联邦重要地区以及自然遗迹目录（2006 年的情况）	32604 公顷，占州总面积的 18.9%，其中城市区 702 公顷，占城市面积的 7.6%	保持面积，提高区域质量
苏黎世州的方针计划（2006 年的情况）	农业区 80507 公顷（占州总面积的 46.6%） 森林面积 49625 公顷（28.7%） 休闲疗养区 1815 公顷（1%） 自然保护区 2752 公顷（1.6%） 其中重叠面积： 20075 公顷风景保护区 69329 公顷风景发展区	方针计划实现，提高区域质量
苏黎世州的方针计划（2000 年的情况）	农业区 946 公顷（占州总面积的 10.3%） 森林面积 2182 公顷（23.7%） 休闲疗养区 619 公顷（6.7%） 自然保护区 77 公顷（0.8%） 其中重叠面积： 738 公顷风景保护区（8%） 2533 公顷风景发展区（27.6%） 18 公顷固定自然保护面积（果园） 614 公顷生态网	贯彻方针计划，提高区域质量
2003 年/2005 年民意调查估值	公共绿色空间（公园，森林，农业） 重要性 5.33（最大数值 6） 满意度 4.98（最大数值 6） 72.6% 非常喜欢在苏黎世居住 25.2% 喜欢在苏黎世居住 1.9% 不喜欢在苏黎世居住 0.2% 非常不喜欢在苏黎世居住	满意度和重要性相符，保持高评价
农业和林业区域的建筑物（2004 年的情况）	在苏黎世市大约为 800，占建筑物总量的 0.7%（试比较苏黎世州 5.9%）	减少
人口密集区，城市和居民区自然景色的突出性结构	现有数据很少	获取，加强，增加
景观发展草案（LEK）和森林发展计划（WEP）	阿德利斯维尔（Adliswil）景观发展草案 里马塔尔（Limmttal）和里马特（Limmat）区域景观发展草案 阿福滕 亨格山（Affoltern Hoenggerberg）景观/森林发展计划（运转中） 乌特力山（Uetliberg）景观/森林发展计划（2008—2010 年） 苏黎世山（Zuerichberg）景观/森林发展计划（2008—2010 年）	对景观发展达成共识，通过景观发展草案（LEK）和森林发展计划实现措施

我们的行动领域

环首都的跨区域合作 我们参与了具有跨区域意义的开放空间规划合作计划，这一系列的计划保证了开放空间框架和自然风景，同时也提升了它们的价值。

积极参与景观发展规划 我们发展了城市景观，它们是景观发展、森林发展或开放空间计划的一部分，这些活动都尊重了多样性的需求，考虑到了持久的人口集中政策。

具有影响力的开放空间结构 我们把基础事物制定成为具有影响力的城市开放空间结构的一部分，以保障和增强这一项目。

对湖畔与河岸的高度重视 我们把湖畔与河岸作为优先发展的对象，把它们当做是城市形象的载体和名片。

增强天人合一的联系 我们力争实现开放空间和人口密集区的方便联系，不仅是生态环保，而且还要使之方便行人和单车骑行者。

城市建设的发展 我们立志于实现城市建设的合理发展和建筑的密集化。这样就可以充分利用现在已确认的建筑储备用地，从而保护自由区域和农业区域的土地。开放空间和居住空间的发展要在公正和透明的权衡原则下进行。

公共关系的均衡 我们致力于使开放空间的各方利益均衡，它们涉及了城市景观、城市形象和城市认同性。我们还有使大众都了解并重视开放空间框架的这个项目。

法律依据 我们在指示性规划和实用性规划的框架下解决大众甚为关切的事件，如农业、森林、城市景观、自由区和疗养区以及生态等这些问题，同时我们也尤其要保护那些敏感性的景观区域。

公园、广场及公共用地

北京之所以被看做具有各式各样休闲方式的绿色之都，这都要归功于公共场所的多功能开放空间的大量供应。其中，湖畔公园最具特色和代表性。市内的公园规划是不同的，近年来，政府在新住宅区与服务区内另外设立了公园和广场。部分公园的使用负荷在不断增长，这种负荷随着居民需求的调整而变化。

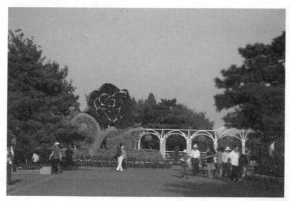

绿色北京书、绿色都市北京结构及可持续发展之关联主题

<table>
<tr><td colspan="2">绿色北京书</td><td colspan="2">绿色都市北京结构</td><td colspan="2">可持续性（MONET）</td></tr>
</table>

绿色北京书		绿色都市北京结构		可持续性（MONET）	
主题	页数	产品系列和产品	页数	基本要求	页数
绿地和开放空间		**领悟自然／促进自然**		**社会凝聚力**	
城市环境	25	教育／经历		满意需求	
基本观念		生态多样化／拓展生存空间		对健康的要求	
开放空间的供应	120	**自然界／开放空间**		满意度和幸福指数	
开放空间的利用	126	公园设施		社会福利和重点发展	
开放空间的规划及园林文化		绿地和开放空间的建造方案		重视健康的发展	
	133	绿地和开放空间的规划		协助弱势群体同步发展	
参与及合作	141	**服务业**		不同文化人群的相互理解	
环境教育		协商／控制		社会性和政治性合作	
绿色知识	151	**产品支持**		适合儿童成长的环境	
自然产品和维护	171	顾客群		**经济效益**	
实施机构	175	疗养者		为社会福利服务的经济制度	
		居民／上班族		**生态责任**	
		运动员		保护生态多样性	
		建筑师／设计师		保持生态平衡	
				为生活增色的自然以及人文风光	
				指示物	
				社会凝聚力	
				心理健康	
				大量健康行为，积极锻炼身体	
				生活普遍满意度	
				共同捐赠环境	
				居住区周边环境满意度	
				居住区周边疗养设施的提供	
				地区事务中的参与机会	
				生态责任	
				噪音制造者	
				一般人均住宅面积	
				景观的多样性或城市风光	
				禁建区	
				开发多样性和植被多样性	
				生态平衡面积	

现今的公园、广场及公共用地……

北京的居民普遍认为，城市里的公园和广场对他们的生活质量产生了极大的影响：这些绿色设施和公园从属于三个最重要的需求。公园设施使用的频繁程度从根本上取决于住房地段和交通便利度。去公园最频繁的当属那些住在靠近市中心的人口密集区的年轻人，以及有小孩的家庭。由于社会发展而导致的隔阂使得公园广场作为逗留空间、交流空间和活动空间的意义大大提升，因为在开放空间里，人们可以自由活动，甚至有可能相互影响。

北京居民对公园的满意程度近年在不断上升，相当数量接受调查的人给出了不错或者非常好的分数。这也表明了作为同满意程度直接挂钩的基础设施，公园在居民心目中的重要性在不断提高。

多种多样的公园　北京公园的种类非常多：历史公园和现代公园，从前的王府花园或风景优美的自然景区等等。禁止或使用无噪音交通工具的步行街和广场，适宜居民们前去闲逛停留，它们同时还可以扮演购物广场或休闲场所的角色。

湖畔公园的意义　在所有开放空间中，魅力最大最吸引人的当属在湖边有人工沿江大道的大面积湖畔公园，它们是这个城市的名片。比如在瑞士，2005 年当政府调查苏黎世最具积极意义的方面时，城市居民们首选的就是城市环境，尤其是湖边。那些住在湖畔公园附近的居民则是利用这些设施最频繁的：这里有 61％的居民每周去 8 次甚至更多。湖畔公园被超过三分之二以上的城市居民所使用，同时也吸引了很多外地游客——在最美的春季或夏日，有超过 10 万的游客造访苏黎世。而所有来湖畔公园休养的游客对这里的满意度和相对接受度都非常之高。有超过 90％的受访者认为，湖畔的空间足够他们在夏季时分使用。如果一定要指摘的话，这里的确有一些小问题，例如基础设施有待继续改善，膳食种类不多等。大部分人对治安表示满意，在这里很有安全感。居民在享受电影院或剧院等一般的大型公共场所时，都给予了很高的接受度。

新建的公园和广场　在重新规划市区时，必须确保公园广场的数量，以及对其的使用符合城市发展的承载度。

北京在近年内新建了若干座公园，比如奥林匹克森林公园，在附近定居的居民们经常造访这些新公园，如同其他地区的居民去附近的公园一样。这

里的居民的满意度在不断提高，现在已经超过了整个城市的平均水平。

在北京的各个郊区县，更多的开放空间还在规划之中。通过长时间的合作规划，这些设施的舒适程度都可能得到大幅提高。

河岸的潜力　关于河岸的潜力，在很长一段时间内都没有得到充分利用。目前，政府积极建设亲水且设施完善的极具吸引力的公园。若干区县内的居民是亲水空间的最主要使用群。在面对不断增长的使用需求时，人们必须重视河岸区域的承载力，以及进行相应的调整适应方案。

公用地的变化　公用地在区域意义上给居民提供了一个极大的且颇具吸引力的休闲场所。四分之三的使用者居住在城市里，其中大部分住在市区。近年来，各式各样的生活方式的需求导致不同的观点时有发生，尤其是在饲养宠物的问题上。持续不断增长的使用压力，新的交通建筑以及建筑工地不断增多，促使北京这个绿色都市将承担更多的责任和义务。

十年之后……

公共场所具有多重功能的开放空间中的多样性设施，将会为城市生活作出巨大贡献，这使得北京的生活质量在面对国际性比较时依然会名列前茅。那些具有很高价值和地区特色的公园、广场、步行街、河岸或森林成为了城市最优美的风景画，对市区也有同样大的影响。公共开放空间原则上是空闲的，且出入免费，能够满足各种不同的需求，也提供给市民足够的可供多样使用的游玩空间。公园和广场是公共生活中极其重要的环节，它们代表了高居住质量，可以吸引更多的人来到这里休闲疗养。它们同时也是回归自然的，与自然亲密接触的。

亲水的休闲空间　作为北京最重要且最具吸引力的公园，湖畔公园提供大量的且设施完善的休憩空间，如朝阳公园、颐和园、北海公园等。走进这里就能与水亲密接触，在这里可以有各种各样的亲水体验，这里也有完备的基础设施，有的还可以以独一无二的视角远眺群山和城市。在水边或者在水上的不同活动以及这些设施不同的使用方式，提高了来这里游玩的价值，这一切都建立在与自然相互尊重和共存的基础上，而且不会对公共设施的使用产生消极影响。为了完善湖畔的开发程度，河流流经区域提供了广泛的优良的疗养空间。在河岸区域内，漫步者、慢跑者和自行车爱好者都可以感受到具有吸引力且可以穿越的道路，以及具有极高游玩价值和疗养价值的居住区域。

森林的多样性　作为靠近居民区的休闲场所，北京公用地被系统地开发成公共性、多样性和灵活性的场所。在这里，公用地被有目的地重点开发，并会举办不同的自由活动，例如，各式自由比赛受到了极大的欢迎，像丰台万芳亭公园的大型室外乒乓球赛等，这也提高了市民的休闲生活质量。人们可以亲历丰富多彩的风景以及自然的多样性及生动性。

公园的平等开放性　市区内的公园和广场均能满足市民的休闲需求，并且具有很高的使用价值。开放空间相互之间由干道相连，交通非常便利，易于到达。公园设施则是根据市民的需求——以及重视它们文化上和历史上的价值——而进行的多样性发展，并且与不断变化的使用要求相适应。这同样适用于创新后的公园和广场，它们坐落于新的住宅区和服务区内，且也属于城市名片的一部分。这些公园和广场对市区的景色和形象带来了积极影响。

公园对居民们平等开放，并进行严谨的管理，这样，在他们的公共开放空间里，居民们会感到舒畅和安全。

更高的评价 不仅是居民，土地拥有者和有决策权的政府都必须有这样的意识，那就是公园和广场从本质上来说是为了提升市区内居民的生活质量，对社会发展和城市形象产生积极影响——它们对城市价值以及对旅游业来说都具有十分重要的意义。

参考链接：以下为瑞士苏黎世的参考数据和计划

	现今的参数	10 年后的目标
绿色设施或公园 2005 年的全民问卷调查	重要性：5.44（最高为 6） （单亲家庭：6.00/有小孩的家庭：5.74） 满意度：4.83（最高为 6） 重要性：5.2（最高为 6） 满意度：4.8（最高为 6） 休闲价值的重要性：5.3（最高为 6） 对休闲价值的满意度：4.7（最高为 6）	满意度与重要性相符
公园设施 2005 年"**绿色都市苏黎世**"收益影响总结	361 个公园，占地 129 公顷 44 公顷绿地/休闲设施 5 公顷高游玩质量的广场 约 100 公顷未开发的公用地 （没有树林、靶场和操场） 来访群：夏季有 64% 的市民（冬季则为 75%） 其中有 17%（冬季为 28%）来自各州	满意度与重要性相符
公园、广场和公共用地	来访频率：68% 的市民每月至少数次 8% 从来不去	满意度与重要性相符
湖畔公园 2005 年对来访者的调查报告	狗：43% 的市民反感到处乱跑的狗 3% 的市民反感被牵引绳束缚的狗 对警察数量的满意度： 67% 认为非常满意 8% 觉得太少了 17% 认为太多了	保持，按需上升 保持符合需求的设施
河流流域　2005 年全民问卷调查	垃圾：完全不受影响：81% 垃圾太多了：35% 垃圾是个问题：26%	保持对湖畔公园的超高满意度
在新公园	安全/照明 超过 90% 的受访者认为很安全 照明不错或非常好：超过 80% 每周至少去一次在住宅区 400 米范围内：53% 在住宅区 1 公里范围外：25% 2003 年问卷调查：满意度：4.57（试比较苏黎世满意度 4.63）	提高疗养价值

	现今的参数	10 年后的目标
公用地 1999 年森林开发研究	2005 年问卷调查满意度：4.95（试比较苏黎世满意度 4.83） 对住宅区 400 米以内的公园满意度： 非常满意：34%（试比较苏黎世满意度 24%） 比较满意：45%（试比较苏黎世满意度 44%） 满足：18%（试比较苏黎世满意度 24%） 不满足：3%（试比较苏黎世满意度 8%） 来自苏黎世的游客：76%，其中近郊区：28% 市区：39% 远郊区：9% 年龄结构：48% 26 岁到 50 岁人群	使其对居民更有游玩价值，尤其是相邻市区的居民。提供吸引全年龄段的使用设施

我们的行动领域

评估湖畔公园　作为城市形象的代表和客流量最大的公园，我们充分认识到了湖畔公园的重要性和优先权。为此我们改善了河岸周围的道路以及亲水入口。我们通过把疗养区域按照不同的重点拆分成不同使用区域，以及通过不同的基础设施和合适的费用缓和了湖畔公园的有关争论。

河畔空间价值　我们让河畔空间按照我们的理想和计划提升着自身的价值，这一价值是通过设立更多的公共开放空间来实现的，这些空间可以提供更多的可能性吸引人们前来休闲和疗养。

保护森林开发　我们加强了森林的广阔以及多功能属性，并设立了相关开发重点以避免争论。我们改善了公用地的交通便利度，提升了入口和路网的价值。我们以合适的方式经营和保护着森林的开发，以达到带来更多自然享受，提升自然价值的目的。

新公园的准备　在公园数量不足的区域内，我们对高质量公园的设施进行了保质保量的扩建，且把开放空间计划草案转化为切实的发展实践——由于公共—私人合作项目等一系列原因，此转化也是通过公共疗养空间的准备而进行的。为了确保市区内公园的使用，我们推行了一系列公共工作，尽可能在决策时照顾到每位市民的诉求，并要求公园内有更加紧密贴近市民的设施，增加公园与市民零距离接触的机会。

维护和发展　我们会把公园和广场的游乐性维持在一个较高的水平，并且会在维护计划的基础上继续脚踏实的且有目的性地发展公园和广场。

专用开放空间

在专用开放空间中，北京拥有适度且适应于需求的设施供应，例如，体育器械、公墓或住宅花园。

这些不同的使用需求不断在变化，未来必须要考虑到这一点。专用开放空间理应满足越来越多且各种各样的休闲需求。

绿色北京书、绿色都市北京结构及可持续发展之关联主题

绿色北京书		绿色都市北京结构	可持续性（MONET）
主题	页数	产品系列和产品	基本要求
绿地和开放空间		**领悟自然/促进自然**	**社会凝聚力**
城市环境	25	教育/经历	满足需求
基本观念		生态多样化/拓展生存空间	对健康的要求
生物多样性	105		满意度和幸福指数
环境	113	**自然界/开放空间**	重视健康的发展
开放空间的供应	120	公墓	协助弱势群体同步发展
开放空间的利用	126	绿色交通	不同文化人群的相互理解
开放空间的规划及园林文化		校园绿化	社会性和政治性合作
	133	运动器械	适合儿童成长的环境
参与及合作	141	游泳设施	**经济效益**
环境教育		广阔的绿地	为社会福利服务的经济制度
绿色知识	151	绿地和开放空间的规划	**生态责任**
自然产品和维护	171	绿地和开放空间的建造方案	保持自然生活基础
实施机构	175	**区域和建筑管理**	保持生物多样性
		出租的区域	新资源的使用限制
		服务业	生态平衡
		协商/控制	供给的不定性
		产品支持	自然风景和人文风景的价值
		顾客群	指示物
		疗养者	**社会凝聚力**
		居民/上班族	良好健康程度下的预计寿命
		运动员	心理健康
		建筑师/设计师	大量健康行为，积极锻炼身体
			普遍生活满意度
			共同捐赠环境
			地区事务中的参与机会
			生态责任
			噪音制造者
			重金属污染土壤和受 PAX 垃圾污染的土壤
			土层加厚
			活水对水域的需求
			微尘浓缩
			风景多样性或景色
			物种多样性
			开发多样性和植被多样性
			生态平衡面积

现今的专用开放空间……

专用开放空间的多样性已经相当宽广。这些开放空间服务于特殊要求，而不仅仅是最初的普遍公共疗养场所，且其对额外用地的需求也在不断上升。由于人们的要求在不断地膨胀，一些关于使用方面的争论也是时有发生。某些用地，如学校设施是开放性的公共场地，它给市民提供了一个更多选择的休养去处。其他用地，如温泉公园和会所花园却不是所有的都能免费使用的，人们只能买票或凭借社团会员关系方可入内。

在建造、花费或对专用开放空间的重新利用方面，其发言权体现了不受财富影响的平等性，而**"绿色都市北京"**的一个重要任务就是确保使用质量的安全性。

参考链接：以下为瑞士苏黎世的参考数据和计划的参考数据和计划

	现今的参数	10 年后的目标
城市中的专用绿地和开放空间	20 个公墓 大约 6900 个家庭/休闲花园 46 个体育场 17 个在绿地里的温泉公园 520 个校园和幼儿园的室外空间 148 个公共儿童游玩广场 20500 棵道路林木，44 公里长的灌木丛，108 公里长的流淌的小河	按照需求提升数量，扩大面积
第三方占有者中的专用绿地和开放空间	8.5 公顷的市立医院的室外空间（森林） 27 个养老院的室外空间 10 个看护中心的室外空间	保留所有用地
对专用开放空间的公开使用	运动场和体育馆 住宅花园和休闲花园 医院的室外空间 养老院的室外空间 7 座公墓 教堂的室外空间 动物园 一般来说排除不同和公共使用	不同领域内的很多合作，公共疗养的高强度使用

十年之后……

北京已经可以证明,她是如何在具备高级享受质量的专用开放空间里,一手建立起恰当、足够且开发完善的设施。这一设施是依据当前和已经得到证明的需求而筹办的。按照不断变化着的要求,设施的使用适应度应在正当的规模下,重视按需使用可以使财富平衡、公平、透明地进行。专用开放空间总是有可能更有意义地服务于其他的开发利用——首先就是公共疗养。

我们的行动领域

保持 相比付费区域和疗养区域，从可使用设施及对下一代的意义而言，我们要保持这个合法的、安全的专用开放空间。

重复利用 在公平的财富平衡下，由于高质量的需求不断被提出，我们会仔细检查那些可以被重复利用的专有开放空间。

升值 鉴于公共疗养设施的使用，我们认为专有开放空间有升值的潜能——尤其在疗养场所供应不足的区域。

灵活性 我们能够灵活和有预见性地对不断变化着的使用需求做出反应，而诸如极限运动种类等新的要求也会浮出水面。

现今的公墓······

比较下的苏黎世，其市区内总共有 27 处公墓，它们是按照顾客的需求而建造的，并且能够定期得到维护。其中有 25 处公墓可以举行葬礼，有 7 处墓地是私人持有的。在市区的 20 处公墓提供多种葬礼方案，例如，把骨灰葬于森林。由于公墓里选择骨灰下葬的人越来越多，因而市民对公墓的需求量也是逐渐下降。公墓可以被做安静休憩的公园，人们漫步其间，静静沉思，追忆亲友。

葬礼和公墓管理部门负责殡葬的相关事宜。与"**绿色都市苏黎世**"建立的良好协作关系则会更加满足顾客的需求。

由于文化的不同，北京的公墓管理与苏黎世不同，但也可以借鉴苏黎世的一些更好地体现了人性化的做法。

十年之后……

苏黎世市区内的公墓给未亡人提供了一个极为虔诚和适合沉思的环境，其所提供的葬礼方案取决于社会和文化需求。公墓将会被作为极具价值的文化财产而得到小心的照料。人们估量着这个宽广、静穆且亲近自然的开放空间，并且怀着善待他人的心漫步其间。而那些目前暂且不提供葬礼的公墓区则坐落在公共场合，作为安静而宽广的公园使用。这里不会举办任何商业活动，而只会举办一些适合的展会。相对而言，北京的公墓功能相对单一，但也会向着多样化发展。

参考链接：以下为瑞士苏黎世的参考数据和计划

	现今的参数	10 年后的目标
公墓数量，财富	27 处，其中 20 处公有（1 处未使用） 7 处私有（1 处未使用）	保持
公有公墓的面积	121 公顷	保持
葬礼和在公有公墓安葬（2005 年的情况）	约有 3400 场葬礼，其中： 约有 600 场土葬 约有 2800 场火葬 集体墓穴：31% 火葬比例：84%	按需供应
葬礼方案 （2005 年的葬礼）	提供 14 种级别的下葬可能 最重要的是： 家族公墓—租赁公墓（260） 土葬—系列公墓（638） 火葬—系列公墓（854） 骨灰坛（251） 集体公墓（1106） 将遗体葬进森林（60）	保持按需提供的多种葬礼方案
墓穴数量（2005 年的情况）	59000	
估计价值 "绿色都市苏黎世" 2005 年效应总结	市区内公墓的重要性：5.7（最高为 6） 对公墓的满意度：5.7（最高为 6）	让满意度同重要性相配

我们的行动领域

与需求相适应　我们必须提供与市民需求相适应的殡葬方案。

储备用地的开发计划　我们同殡葬和公墓管理部门一起制订出谨慎使用的储备用地和扩展用地的计划草案。

现今的住宅花园和休闲花园……

苏黎世的住宅花园和休闲花园区域占地约 250 公顷，有差不多 6900 所花园。有 78 个住宅花园区域完全被出租给社会团体去组织进行分配和使用。自 1995 年起，政府对园林的管理进行了加强，并对，有关部门的产品规格（VVO）等行为进行了规范，且多数都得到了重视。在不同的住宅花园区域内，人们会对土地进行调查研究及进行风险评估。在少数特殊情况下，有必要对其进行重复利用。

住宅花园基本定位于园艺类应用，而休闲花园的使用活动余地则更大些。它们的占地面积变化不定，它们可以被广泛使用的面积比重更高。住宅花园和休闲花园承担着城市发展和重复利用的要求，且具有很大的发展潜力。

十年之后……

住宅花园和休闲花园为租用者提供了合乎需要且形式多种多样的经营和休闲方式，且在社会意义上有着协作效果。可通行的区域能够以为市区居民服务的休闲设施为补充，这都要归功于完善的道路和居留区域。住宅花园区域非常容易辨认，而它所包含的元素诸如建筑、灌木丛和果树同自然风景很好地结合在了一起。而其中独有的靠近自然且有着多样结构和小空间结构的经营区域作为具有极高生态意义的生存空间，为保护植物和动物的多样性作了巨大贡献。

参考链接：以下为瑞士苏黎世的参考数据和计划

	现今的参数	10 年后的目标
住宅花园区域	145 公顷，其中90% 确保区域合法	保持确保区域
休闲花园区域	40 公顷，其中88% 确保区域合法	保持确保区域
其他出租区域	55 公顷（牧羊草地、俱乐部基地、园圃等）	按需，实施《住宅花园主计划》
租用者数量	6033 人租用住宅花园	果树数量至少需要同花园数量相符
2004 年主计划标准	385 租用休闲公园	在所有住宅花园区域内实施
375 租用其他出租区域	果树数量至少需要同花园数量相符	
果树数量	没有上升	
与区域交通定向计划相符合的公共道路连接	在 5 个住宅花园区域内还没有得到贯彻	
与 VVO 相适的亲近自然的绿色区域的照管	规程是租约的附件	规程与合同组成部分有联系

我们的行动领域

多样化升值　我们计划让花园为租用者提供多方面的使用方式，并为当地居民带来更高价值的享受。

按需供应　面对已经得到证明的需求，根据财富平衡问题，我们将合法地更换授权区域。

支持园丁　我们通过扩展相关教育培训来指导和支持园丁的工作。VVO规定在租赁合同中将会被当做相关组成部分。

加强合作　我们和协会一起制订了日后针对住宅花园的合作计划。

现今的运动设施和水上乐园

　　不管是自发的还是有组织的假日活动或是出游，在当今社会都是重要的休闲方式，且深受居民们的喜爱。自发运动中如自行车、慢跑或滑雪都是十分受人欢迎的项目，因此，绿色设施和森林都有比较完备的条件。但是，我们也要看到仍有部分需求在这个城市里得不到满足。

　　体育部门的任务就是设立并管理**"绿色都市苏黎世"**中的约200个运动场，每个运动场大约等同于半个足球场或网球场的大小，占地约70公顷。由于体育锻炼者的需求在不断上升，可以考虑部分设施的重复利用，例如网球场。针对群众性体育运动的运动场正在计划中。精心修剪的绿地与效仿艺术草坪的创新设施都将可能带来超于平均水平的使用率。在这些大型运动设施场地中，即便不喜爱运动的市民也同样会感受到在此休息的惬意享受。

　　许多私有公司的运动设施，现在都有其他用途，因而公共设施的使用负荷也在不断上升。

　　由于河岸上人类活动的压力，水域的环境必须认真维护。整个苏黎世散布着17个夏季水浴设施，其中14个在各个公园的绿色区域内。两个免费水浴场地则是由私企经营的。在**"绿色都市苏黎世"**设立的其余水上设施中，除了在游泳旺季，由体育部门负责运营的要收取部分费用外，在寒冷的季节，坐落在湖边的湖畔浴场米腾魁（Mythenquai）和火车站附近的蒂芬布鲁恩（Tiefenbrunnen）则会作为公园向民众开放。有6个水上乐园是非常有价值的花园纪念碑。

　　北京近年来越来越重视运动设施和水上乐园的建设，足球场、篮球场等散布在这个城市的各个区域中，很多公园和度假村也建设了专门的水上乐园。

十年之后……

　　运动设施能够如此适合于专业运动和群众性体育运动，这都与制定的高标准严要求密不可分。人们的需求在不断增长，这引起了我们的足够重视；根据需求与可行性，我们大力支持发展极限运动种类。为特别应用而设立的设施具有可逆性，并且尽量根据时间错开使用。大型运动设施同样涵盖市区居民的休闲要求。

　　水上乐园内的绿地则是由于水浴旺季的原因按需求建设的，并收到了较好的效果，安全性高。在水域淡季，绿地可以供市民当做公园使用，尤其是在湖边和河畔的公园里，具有重要价值的花园纪念碑性质的水浴场被当做文化财富而得到了良好管理，并将会继续发展。

参考链接：以下为瑞士苏黎世的参考数据和计划

	现今的参数	10 年后的目标
数量和面积	17 座水上乐园，其中 14 座带有绿地面积（24 公顷）	按需供给，进行冬季应用，至少是在湖畔或河畔的水浴设施
2006 年的情况	46 座运动设施（151 公顷），其中：足球场（61 公顷），83 个规范运动场，25 个小型训练场	尽可能按需供给，实施战略报告，构建体育强国
运动场每年用于训练或世界级比赛的使用频率	大约 630000 在绿茵场 大约 130000 在网球场	每个设施保持高频使用
夏季水上乐园每年的使用频率	超过一百万人次	保持 设施需要有高使用质量

我们的行动领域

满足需求 我们与体育部门展开紧密合作，以便于满足人民群众不断增长的精神和体育文化需求，以及保障体育设施的使用。我们支持实施构造体育强国的战略报告和运动计划。

冬季开放 我们会对湖畔或河畔旁的水上乐园进行相应调整，以适应冬季使用的需求。

现今的游乐场和学校……

　　在苏黎世一共有 148 个供孩子玩耍的公共游乐场，这些游乐场有的独立存在，有的则分布于公园之中，公园、运动场和学校大约有 490 平方米的游玩区域。这些区域补足了孩子和年轻人在住宅附近的居留空间以及游玩空间。然而提供给孩子和年轻人使用的区域则更多是宽阔的大街。在那些被当做活动区域的街道上，明确允许孩子们在这里游玩。这表明，在住宅密集区，用来满足需求的游乐场地还稍显不足。

　　苏黎世约有 120 所公立小学和 400 个幼儿园的室外空间可供孩子和年轻人游玩、运动和休息。根据《自然环绕学校》计划，自 1991 年起，有大约 40 个场地按照既定目标升值。除了学校外，市民也可以使用这些设施。学校和幼儿园周围的开放空间由于扩建而逐渐减少；与此同时使用需求也在不断上升。

　　苏黎世对于游乐场的统计和管理是十分值得北京来借鉴的。

十年之后……

私有住宅区域包含了儿童和他们的父母对游玩方式的需求。为了满足这些需求，公共游乐场和学校均为儿童和年轻人提供非常有价值的游戏空间、运动空间和冒险空间，为教师提供休息空间。游玩设施必须符合安全标准。

完全不允许车辆通行的公共绿地和开放空间原则上是有例可循的。在住宅区和学校周围的运动场所确保了运动的自由性，它们还可以做游玩区域或休息区域。

学校和幼儿园将会提供给儿童和年轻人丰富的室外空间，并且保证使用安全，同时兼顾较高标准的学习及运动环境。校外的居民也可以使用学校的游玩设施及运动设施。

参考链接：以下为瑞士苏黎世的参考数据和计划

	现今的参数	10 年后的目标
市立学校和幼儿园周围开放空间的数量和面积	520 个设施，89 公顷	按需保持
市立学校和幼儿园周围开放空间的质量	见规程	有计划地实施规程
市立儿童游乐场	148 个公共儿童游乐场，其中 15 个在组织中心 大约 660 座在儿童游乐场 大约 1470 座在学校/幼儿园	按需，高游玩价值，满足安全条例
市立学校和幼儿园中的游玩设施价值估算	公共游玩设施	满意度与重要性相匹配
2005 年 "**绿色都市苏黎世**" 效益对照表	重要性：5.2（最高为 6） 满意度：4.6（最高为 6） 住宅区内的游乐场数量 重要性：5.3（最高为 6） 满意度：4.2（最高为 6）	满意度与重要性相匹配

我们的行动领域

足够并且安全的游乐场地　在人口稠密的区域，我们必须尽可能地满足孩子玩耍的需求，公共场合的游玩设施必须符合国家的安全标准。我们愿意进行协调以解决私有住宅区内对游玩设施的要求。

学校和幼儿园的空间升值　我们计划把学校和幼儿园的室外空间按照需求变成一个非常具有吸引力且可以寓教于乐的环境。在这里孩子们可以玩耍运动，这里对于市区内的其他居民也同样非常具有吸引力。

现今的城市绿化……

北京市政府于 2009 年开展了第七次园林绿化资源普查。本次普查是北京市园林绿化实现城乡统筹后的首次普查。主要调查结果如下：

1. 林木资源

全市林地面积为 1，046，096.37 公顷，其中，有林地 658，914.08 公顷、疏林地 5，576.31 公顷、灌木林地 305，808.43 公顷、未成林造林地 21，103.88 公顷、其他林地 54，693.67 公顷。

全市的林木绿化率为 52.6%，森林覆盖率为 36.7%，较第六次普查分别增加 2.61 个百分点和 1.23 个百分点。其中，山区林木绿化率达到 71.35%，90% 以上的宜林荒山实现了绿化，形成了林木葱翠、绿绕京城的山区绿屏。平原林木绿化率达到 26.36%，较第六次普查增加 2.79 个百分点，平原地区形成了以五河十路为骨架，点、线、面、带、网、片相结合，色彩浓重、气势浑厚的高标准的平原绿网。

全市活立木总蓄积量 1，810.32 万立方米，森林总蓄积量为 1，406.14 万立方米，较第六次普查分别增加 289.02 万立方米和 110.84 万立方米。

2. 绿地资源

全市园林绿地共计 61，695.35 公顷，其中公共绿地 18，069.74 公顷、生产绿地 1，223.66 公顷、防护绿地 14，870.58 公顷、附属绿地 15404.45 公顷、道路（河岸）绿地 12，126.94 公顷。

全市城镇绿地率为 42.63%，城镇绿化覆盖率为 44.40%，较第六次普查分别提高 2.98% 和 2.48%。全市人均绿地面积 49.5 平方米，人均公共绿地面积 14.50 平方米，较第六次普查分别增加 2.60 平方米和 1.84 平方米。基本建成了以城市公园、郊野公园、公共绿地、道路水系绿化带以及单位和居住区绿地为主，点、线、面、带、环相结合的城市绿地系统，形成了乔灌结合、花草并举，三季有花、四季常青，错落有致、景观优美的城市绿景。

2011 年北京市城市绿化资源情况

来源：首都园林绿化政务网　　日期：2012－03－30 10：11：00

甲	乙	丙	本年实际 1	北京市东城区	北京市西城区	北京市朝阳区	北京市丰台区	北京市石景山区	北京市海淀区	北京市门头沟区	北京市房山区	北京市通州区	北京市顺义区	北京市昌平区	北京市大兴区	北京市怀柔区	北京市平谷区	北京市密云县	北京市延庆县
c	计量单位	代码																	
一、绿化覆盖面积	公顷	1	66171.56	1311.55	1447.32	12743.45	5876.47	4165.28	11008.19	721.74	4439.17	4247.18	5372.21	5389.67	4553.17	1273.16	957.05	873.22	1792.73
二、绿地面积	公顷	2	63540.84	1079.37	1032.58	12799.58	5424.60	3937.33	10563.93	693.11	4125.13	4059.49	5278.77	5352.67	4481.57	1234.39	874.61	835.46	1768.25
（一）公园绿地	公顷	3	19728.04	573.75	448.66	5016.75	1407.96	1043.30	2965.82	359.00	984.50	1009.19	1565.06	1256.32	915.33	449.47	198.13	228.61	1306.19
1.公园	公顷	4	10325.09	427.05	352.52	2286.49	237.85	315.34	1987.21	238.62	410.05	100.20	1094.66	689.92	598.58	160.99	10.82	228.61	1186.18

续表

指标	计量单位	代码	本年实际	北京市东城区	北京市西城区	北京市朝阳区	北京市丰台区	北京市石景山区	北京市海淀区	北京市门头沟区	北京市房山区	北京市通州区	北京市顺义区	北京市昌平区	北京市大兴区	北京市怀柔区	北京市平谷区	北京市密云县	北京市延庆县
c																			
2. 社区公园	公顷	5	726.61	4.68	10.91	211.78	18.83	25.24	55.93	4.93	143.93	7.74	48.39	72.82	4.89	17.60	96.86	0.00	2.08
3. 街旁绿地	公顷	6	2374.46	79.33	67.97	730.44	114.99	98.99	361.28	53.55	99.71	121.50	112.25	179.24	258.48	15.68	54.90	0.00	26.15
4. 其他公园绿地	公顷	7	6301.88	62.69	17.26	1788.04	1036.29	603.73	561.40	61.90	330.81	779.75	309.76	314.34	53.38	255.20	35.55	0.00	91.78

续表

项目 c	计量单位	代码	本年实际	北京市东城区	北京市西城区	北京市朝阳区	北京市丰台区	北京市石景山区	北京市海淀区	北京市门头沟区	北京市房山区	北京市通州区	北京市顺义区	北京市昌平区	北京市大兴区	北京市怀柔区	北京市平谷区	北京市密云县	北京市延庆县
（二）生产绿地	公顷	8	1222.92	4.03	0.00	72.80	3.08	6.95	144.11	0.00	419.59	1.14	0.00	547.84	0.00	23.38	0.00	0.00	0.00
（三）防护绿地	公顷	9	14649.40	0.00	0.00	3657.89	1627.46	2035.11	4158.42	201.20	471.66	195.06	522.39	644.47	1048.98	0.00	62.12	0.00	24.64
（四）附属绿地	公顷	10	27940.48	501.59	583.92	4052.14	2386.10	851.97	3295.58	132.91	2249.38	2854.10	3191.32	2904.04	2517.26	761.54	614.36	606.85	437.42
1.居住绿地	公顷	11	7530.39	140.27	212.84	1494.35	552.91	129.27	968.97	40.62	880.87	349.44	784.66	1231.05	410.91	85.40	72.99	132.64	43.20

续表

c	计量单位	代码	本年实际	北京市东城区	北京市西城区	北京市朝阳区	北京市丰台区	北京市石景山区	北京市海淀区	北京市门头沟区	北京市房山区	北京市通州区	北京市顺义区	北京市昌平区	北京市大兴区	北京市怀柔区	北京市平谷区	北京市密云县	北京市延庆县
2. 道路绿地	公顷	12	12335.71	140.73	144.82	1194.81	523.82	153.38	992.94	35.87	585.01	2338.68	1946.52	1016.35	1694.08	440.99	416.33	372.83	338.55
3. 单位附属绿地	公顷	13	8074.38	220.59	226.26	1362.98	1309.37	569.32	1333.67	56.42	783.50	165.98	460.14	656.64	412.27	235.15	125.04	101.38	55.67
4. 其他附属绿地	公顷	14	0.00	0.00	0.00	0.00	0.00	0.00	0.00	0.00	0.00	0.00	0.00	0.00	0.00	0.00	0.00	0.00	0.00

续表

	c	(五)其他绿地	三、绿地植物	(一)实有树木	(二)实有草坪	四、绿化水平
计量单位		公顷		万株	万平方米	
代码		15		16	17	
本年实际		0.00		11592.52	9830.65	
北京市东城区		0.00		188.67	306.24	
北京市西城区		0.00		238.63	460.51	
北京市朝阳区		0.00		3189.48	1795.85	
北京市丰台区		0.00		915.52	1118.92	
北京市石景山区		0.00		471.53	1072.59	
北京市海淀区		0.00		1974.56	1772.93	
北京市门头沟区		0.00		406.16	3.54	
北京市房山区		0.00		1040.51	457.91	
北京市通州区		0.00		455.69	322.35	
北京市顺义区		0.00		228.44	195.39	
北京市昌平区		0.00		1665.33	629.69	
北京市大兴区		0.00		91.75	869.17	
北京市怀柔区		0.00		481.62	222.00	
北京市平谷区		0.00		112.30	225.42	
北京市密云县		0.00		71.21	274.59	
北京市延庆县		0.00		61.12	103.55	

续表

数据来源：北京市园林绿化统计

c	计量单位	代码	本年实际	北京市东城区	北京市西城区	北京市朝阳区	北京市丰台区	北京市石景山区	北京市海淀区	北京市门头沟区	北京市房山区	北京市通州区	北京市顺义区	北京市昌平区	北京市大兴区	北京市怀柔区	北京市平谷区	北京市密云县	北京市延庆县
(一)绿化覆盖率	%	18	45.60	31.33	28.64	6.42	44.83	49.60	48.16	34.61	45.10	49.34	46.33	39.01	53.04	38.17	42.94	43.45	63.78
(二)绿地率	%	19	43.53	25.79	20.43	46.62	41.38	46.89	46.21	33.24	41.91	47.16	45.52	38.74	52.20	37.01	39.24	41.57	62.91
(三)人均绿地	平方米/人	20	49.72	11.23	7.57	66.26	50.20	107.58	46.86	28.02	53.32	60.33	89.84	97.62	73.48	44.53	22.07	19.49	63.36
(四)人均公园绿地	方米/人	21	15.30	5.97	3.29	25.97	13.03	28.51	13.16	14.51	12.73	15.00	26.63	22.91	15.01	16.21	5.00	5.33	46.80

十年之后……

郁郁葱葱的城市环境保证了所有使用者能感受到惬意的生活。道路绿化带能够提供一个高质量的并且是极具吸引力的停留区域，不管是机动车道还是非机动车道。

城区内的绿化带、公有地、边缘花坛和门前花圃共同构建了城市的优美风景，以及市区的良好形象。它们提高了城市居民的健康指数，改善了微气候。道路林木有着极为优质的生长条件，且生长茂盛。

参考链接：以下为瑞士苏黎世的参考数据和计划

	现今的参数	10 年后的目标
道路林木的数量	20500	实施公用地计划
每年新栽树木	大约300	实施公用地计划，种植适合城市的树木
每年替换的树木	350	保持树木健康
灌木丛	44.2 千米，其中 12.7 千米被修剪	保持
边缘花坛	142584 平方米，其中 821 平方米种植花草	保持
小树丛	55749 平方米	保持
绿色轨道	41627 平方米	实施战略和 GSZ 计划
道路林木	实施交通战略和公用地计划见《道路林木 2010》战略	尽可能提高停留质量

我们的行动领域

继续种植树市　我们需要实施公用地计划，重视对合乎标准和适合城市的树木品种的应用。

保持绿色面积　我们继续保持沿着街道的灌木丛、边缘花坛和小树丛，并且用心照料着它们。我们支持着与北京交通领域计划相符的绿色轨道的建造工作。

创新门前花圃　同土地的承包者或使用者协商一致后，我们决定把门前花圃作为创新的结构而保留。

赢回停留空间　我们进行跨学科的协作，以把超负荷使用的街道改造成具有极高停留质量的地方。

现今的河流湖泊……

在瑞士，苏黎世市区内流淌的河流总长度为 108 公里，其中有 64 公里穿越过森林，34 公里流经居住区域。市立河流计划草案展现了一个远景，尽可能地开发流经地下的河水——自 1998 年起已有 16 公里的地下河水被开发出来；它们构造了极富吸引力的自然空间和休闲空间。现在尚有 10 公里的河水仍为地下暗河。**"绿色都市苏黎世"** 在 ERZ（苏黎世清除＋废物回收利用，苏黎世市的一个公共服务部门）的任务是管理河岸。单一的河水是不能满足防汛要求的，因此 ERZ 开展了治理项目以减少危险发生的次数。

北京地区的主要河流有属于海河水系的永定河、潮白河、北运河、拒马河和属于蓟运河水系的泃河，共有大小河流 80 多条，这些河流都发源于西北山地，乃至蒙古高原。它们在穿过崇山峻岭之后，便流向东南，蜿蜒于平原之上。其中，泃河、永定河分别经蓟运河、潮白新河、永定新河直接入海，拒马河、北运河都汇入海河注入渤海。

处于北京管理下的河流，在几年前还只能逐条引入开发，并且几乎未开发休闲游览的使用价值。现在，通过制定新的城市榜样和有目的地还原自然，很大程度上改善了这里的环境，并且成功开发出了这里的休闲使用价值。

对于河湖水系而言，将以建设现代化水利为努力方向，实现由工程水利向资源水利、生态水利的转变，制定出合理的、符合城市可持续发展的城市河湖水系的水网布局，保护和恢复重点历史河湖水系和水工建筑物，为建设生态城市创造条件。

一、对中心城外围的南沙河、温榆河、北运河、潮白河、永定河等排水河道，应在河道阶梯化建设的基础上改善水质，增加河道用水。河道两侧绿化带宽为100～200米，有条件的地段应增加绿化带的宽度，形成滨河公园绿化带。

二、对于中心城范围内的河道，可结合防洪排水的工程建设，建设多层次、立体的风景观赏河道。基本还清中心城河道水体，进一步扩大水面面积。

三、在重视补充中心城河湖水系河湖蒸发、渗漏损失的同时，采取定期换水等措施，保证水体的清洁。

四、在新城、镇的城市建设中严禁占用规划河湖用地。对有条件的地区应积极拓展河道绿化带，实施河道综合整治开发，并满足城市居民的休闲、娱乐需求。

五、保留利用北运河为主建设京津运河（北京段）的可能性。

对于河湖湿地而言，也要有计划地进行维护和开发：

一、对于中心城现有湖泊，要有计划、分期分批地进行疏挖治理，修理堤岸、护坡，补充清洁水，改善湖泊水质。开辟砂子坑湖、安家楼湖、大泡子等湖泊，积极修建三海子湿地公园、大羊坊湿地生态公园，千亩湖公园及入温榆河故道处的湿地等。结合河道规划和公园建设，扩大水面，调蓄汛期洪水、调节城市小气候，改善城市景观。

二、加强市域湿地的保护与建设，规划湿地自然保护区12个，主要分布

在潮白河、永定河、大清河和蓟运河水系，形成大小结合、块状和带状结合，山区和平原结合的湿地系统。

十年之后······

北京的河流湖泊提供了极具吸引力和交通便利的、位于清澈水边的休闲空间和体验空间。它们表明此处的生存空间有着极高的生态价值，且承担着非常重要的使用功能。它们影响和划分着城市景观以及市区。水域的形象和费用是根据安全需求、休闲价值、体验价值、生态和经济方面而定的。

北京的河流欢快流淌、湖泊碧波荡漾，这是一件非常有意义的事。而我们也会对生活质量继续进行提高，对城市景观和环境进行保护性开发。

参考链接：以下为瑞士苏黎世的参考数据和计划

	现今的参数	10 年后的目标
河流	108 公里的河水流经： 64 公里在森林间 44 公里在居民区内，其中 34 公里是地表水	保持，实施河流计划草案
河流的费用和升值	见河流计划草案，包括详细的森林中的河流	实施河流计划草案，每条河流都必须有一个相应的照管计划
流经市区的河流的升值	利马特河：城市榜样，见 LEK 和《奥恩公园》项目 锡尔河：城市榜样，见《锡尔公用地》 格拉特河：见对格拉特流域游泳的研究	实施计划，高质量 树立城市榜样，在执行中升值

我们的行动领域

河流的护养　我们制订了居住地和森林内的河流管理计划方案，每条河流都有一个相应的照管计划。

流域的升值　我们就流域升值跨学科地制订了计划，并且实施和周边省份的合作项目。

居住及工作环境

对于生活质量和城市价值来说，居住环境和工作区环境有着相当重要的意义。但它们的使用质量和休闲质量则完全大相径庭。由于市区内人口不断增加，相应的开放空间有一部分超负荷运行着。

绿色北京书、绿色都市北京结构及可持续发展之关联主题

绿色北京书		绿色都市北京结构	可持续性（MONET）
主题	页数	产品系列和产品	基本要求
绿地和开放空间		**领悟自然/促进自然**	**社会凝聚力**
城市环境	25	生态多样化/拓展生存空间	满足需求
			对健康的要求
基本观念		**自然界/开放空间**	满意度和幸福指数
生物多样性	105	绿地和开放空间的建造方案	重视健康的发展
开放空间的供应	120		协助弱势群体同步发展
开放空间的利用	126	**服务业**	不同文化人群的相互理解
开放空间的规划及园林文化			社会性和政治性合作
	133	协商/控制	适合儿童成长的环境
参与及合作	141	其他工作场所的服务业	
			生态责任
环境教育		**产品支持**	保持自然生活基础
绿色知识	151	顾客群	保护生态多样性
交流方式	156		保持生态平衡
自然产品和维护	171	疗养者	为生活增色的自然以及人文风光
		居民/上班族	
实施机构	175	运动员	
		建筑师/设计师	指示物
			社会凝聚力
			良好健康程度下的预计寿命
			心理健康
			大量健康行为，积极锻炼身体
			普遍生活满意度
			共同捐赠环境
			对居住环境的满意程度
			居住环境中的疗养设施
			地区事务中的参与机会
			生态责任
			噪音制造者
			重金属污染土壤和受 PAX 垃圾污染的土壤
			土层加厚
			活水对水域的需求
			微尘浓缩
			风景多样性或景色
			物种多样性
			开发多样性和植被多样性
			生态平衡面积

现今的居住及工作环境……

　　北京市区内有着大量社区私属或半公共的开放空间。居住环境和工作区环境中的休闲面积比公共专有绿色空间以及开放空间要大得多。在很多城市居民区中，近年来住宅环境得到明显的改善。而私有和半公共开放空间则依然不断地超负荷运转，因为在可持续发展的意义上，人口密集的居住地对空间的规划是力求最大限度利用的。建造秩序和区域秩序则表明，每个市区都或多或少有着巨大的潜力。

　　生活质量中最重要的因素　住房质量是生活质量的决定性因素，北京的市民把住房质量当做是衡量生活质量最重要的刻度尺，地位同公共交通相当。尽管城市发展迅猛，但很多市民仍然对居住环境表示不满，私有和半公共开放空间质量的缺失可能造成了重大影响。绝大多数搬迁者搬去其他市区的原因往往是因为居住环境。交通和由此带来的噪音成为了影响居住环境满意度的消极因素。

　　居住环境的意义　对于很少迁移的人群，例如对于老年人或有小孩的单亲家庭来说，在选择住所时，居住环境起到了决定性的作用。不同的证据都表明，在接下来的数年里，居住环境的意义仍会不断上升。之所以如此，是因为由于人口和社会都在不断发展，总人口中老年人的比重都在不断上升，老龄化成为社会的重要问题，2028 年中国60—65 岁的老龄人口将超过5.3 亿。

　　环境影响价值　不仅仅对于居民，周边环境对工作者来说也是非常重要的。公司坐落在非常好的工作环境里，一方面工作人员可以享受到极为有价值的休闲空间；另一方面也为企业形象作出了贡献。总的来说，周边环境对不动产的影响相当之大；土地拥有者在使他们的建筑计划适应市场需求时，总要把住宅区周边环境放在第一位。

　　理解力上升　"绿色都市北京"能够对新建的私有和半公共开放空间的数量和质量产生一定的影响，因为与之相匹配的法律条文有部分处于空白地带。在一个规范的批准建筑流程范围中，协商能否成功常常是与对建筑的理解挂钩的。在特殊应用计划和区域越界建筑中，法律上与之相对的影响得到确立，而近年来，在设计和建造时对外形质量的理解在不断上升。在这一等级和意义上的建筑计划都必须如此执行，以达到确保环境质量的安全性，增加竞争性以及学习研究的目的。

十年之后……

　　居住环境和工作区环境会为一个全城绿色的北京作出重要贡献，树立城市良好形象，大幅度提高在这里居住和工作的人们的生活质量。每个城区都有不会与其他地区混淆的特征，这一特征也导致了处于该环境下的当地居民具有非常明显的辨别特征。不管怎样，对于家庭来说，选择北京作为最终居所是非常具有吸引力的。

　　近距离的享受休闲　在那些很少有公共开放空间的地方，居住环境则在本质上作出了巨大贡献。它为居民提供了足够的休闲和疗养可能，且带有颇具价值的社会活动空间。城市的大多数居民可以直接在家门口享受自然。社区私属和半公共开放空间提供了多种疗养方式，非常值得一游。它们被塑造成满意、安心和颇具生态价值的地方。市区内的街道也提升着居住质量，因为除了开发之外，它们也吸收了一个重要的停留功能，尤其是孩子们可以在居住环境内无危险地玩耍，无陪伴地逗留。我们采取了专用交通管理措施，例如限速，或使整个活动区域都处于监控之下。

　　有目标的致密化　在市区内进行致密化，要求相关开放空间在形象、使用和生态上都要有较高的质量。那些颇具价值且影响着城区的私有和半公共开放空间得到保留，这些开放空间中一般种植着树木，或者具有门前花圃。在新项目中，居住环境和居住区边缘需要得到重点设计。居民、土地拥有者和设计师都知道，什么样的居住环境和工作环境对生活质量、城市形象和不动产价值有着重要意义。

参考链接：以下为瑞士苏黎世的参考数据和计划

	现今的参数	10 年后的目标
价值估算 2005 年全民问卷调查	住房质量和生活质量的重要性 第一位：居住环境：5.6（最高为6） 第二位：公共交通：5.6（最高为6） 第三位：绿地和公园：5.4（最高为6）	使满意度与重要性相匹配
居住环境和工作区环境的休闲用途	满意度：5.1（最高为6）	高使用质量；在带有公共休养空间的供给不足区域应保留该区域
2005 年苏黎世开放空间供应	1560 公顷（交通）	见数据
居住环境和工作区环境的质量过程	92% 的居民对他们的住宅环境感到满意	见数据
在市政居民区和合作社中居住环境里的质量翻修项目	目前没有数据	高份额可以施加良好影响，尤其是在不同区域
居住环境和工作区环境的建造申请	目前没有数据	高质量，尤其在供给不足区域
影响城区的开放空间结构	目前没有数据	建造申请展现了现实建造中开放空间的高质量
限速 30 公里	只能分析单个城区	见重要城区分析
2004 年的标准	120 个地区合法全区域监控，建筑性实施由 TAZ 负责	保留影响开放空间结构尽可能监控整个城区街道
活动区域	在 TAZ 的负责下进行介绍和实施	被要求，尤其是在学校和市中心附近的居住环境中

我们的行动领域

保持开放空间 我们保持和确保居住环境和工作区环境的结构，这些环境也同时影响着城市——尤其是在那些公共开放空间供给不足的区域内。

致密化的要求 在不同类型的城市中，我们将致密化的要求定义为在市区内保持最重要的开放空间结构。

商议性的协作 我们在居住环境和工作区环境中升值的开放空间中商议性地进行协作——主要是市政不动产和合作社不动产——并且在市区街道升值过程中支持工程部门。

重视空间质量 在新修好的居住环境和工作区环境开放空间中，我们投入了高使用质量、良好的形象和高生态价值的开放空间。

公共使用规范 我们支持在私有开放空间内实行公共使用规范，尤其是在公共开放空间缺乏的地区内。

展示公共价值 我们发现土地拥有者、投资者和设计师把居住环境和工作区环境的意义定义为自然空间和休闲空间，我们也会把不动产的价值展现出来——尤其是在公共开放空间供给不足的区域内。

完善法律基础 我们尽全力完善法律基础，该法律基础能够影响到规范建造过程中的居住环境和工作区环境的质量。

森　林

　　森林不仅是北京最大的公共开放空间，而且也是物种最多样且最亲近自然的生活空间。被森林覆盖的小山丘对北京如画的风景有着深远影响。作为最具吸引力的休闲区域，在接下来的几年里，森林的作用将会越来越重要。

　　森林是生态建设的主体，具有涵养水源、固土保肥、固碳制氧、保护生物多样性、净化环境、防风固沙等生态效益。

　　据研究表明，森林土壤根系空间达 1m 深时，$1hm^2$ 森林可贮存水 200 ~ $2000m^3$，平均比无林地能多蓄水 $300m^3$。据日本相关研究，$3333hm^2$ 森林的蓄水能力相当于 100 万 m^3 的水库。据有关调查，25 年的天然林，每小时可吸收降雨量 150mm，草地及裸露地每小时仅为 10 ~ 5mm，林地涵养水源能力为裸露地的 7 倍。森林一般可减少地表径流和土壤冲刷的 70% ~ 80%，同时也大大减少了矿物水土流失、肥力下降、水利工程淤积等。

　　在平原地区营造城市森林，形成大面积绿色空间，将使北京市森林覆盖率尤其是平原地区森林覆盖率大幅提升；将增加北京市森林资产总价值和生态服务价值，同时增加固定二氧化碳量和释放氧气量，有效地降低 PM2.5 浓度，改善首都空气质量；将减少农业用水，促进中水资源的合理利用；将会有力地提升城市宜居环境和幸福指数，满足市民绿色休闲需求，吸纳农民就业，促进农村发展。

绿色北京书、绿色都市北京结构及可持续发展之关联主题

绿色北京书		绿色都市北京结构	可持续性（MONET）
主题	页数	产品系列和产品	基本要求
绿地和开放空间		领悟自然/促进自然	社会凝聚力
城市环境	25	教育/经历	满足需求
农业	93	野生动物保护	对健康的要求
基本观念		野外保护/保护鸟类	满意度和幸福指数
生物多样性	105	索取方式/开拓生存空间	重视健康的发展
环境	113	自然森林	适合儿童成长的环境
开放空间的供应	120	自然界/开放空间	经济效益
开放空间的利用	126	疗养森林	带动研究工作
参与及合作	141	绿色/开放空间的设计规划	与环境相适的产品
环境教育		建造绿地/开放空间的项目	生态责任
绿色知识	151	支柱型产品	保持自然生活基础
交流方式	156	顾客群	保持生物多样性
自然学校	159		生态平衡
自然体验公园	168	服务业	自然地区和文化形式的生存价值
自然产品和维护	171	协商/控制	
实施机构	175	圣诞树	指示物
		产品支持	社会凝聚力
		顾客群	良好健康程度下的预计寿命
			心理健康
		老师/学生	大量健康行为，积极锻炼身体
		研究员	普遍生活满意度
		热爱疗养者	共同捐赠环境
		居民/上班族	当地进程参与的可能性
		运动员	生态责任
		移民	生态标签中非绿色食品的市场份额
			土层增厚
			活水对水域的需求
			微尘浓缩
			风景多样性或景色
			物种多样性
			开发多样性和植被多样性
			生态平衡面积

现今的森林……

从 2006 年 7 月开始,北京市园林绿化局和中国科学院地理科学与资源研究所合作,组织了以李文华院士为首的近 20 名专家和学者,对北京市森林资源的碳储量等进行了系统研究,结果表明:北京市森林资源总碳储量为 1.1 亿吨,森林资源年固定的二氧化碳量约为 967 万吨。

森林资源价值量 2007 年北京市森林资源资产现价值为 5881.38 亿元,其中林地资产价值为 432 亿元,林木资产价值为 261 亿元,生态服务价值为 5187.96 亿元。生态服务价值占森林资源资产价值的 88.2%,林地和林木价值在森林资源资产价值中所占比例分别为 7.4% 和 4.4%。

在生态服务价值中供给服务年价值为 32.27 亿元,占生态服务价值的 11.6%,调节服务年价值为 159.23 亿元,占生态服务价值的 57.3%,支持服务年价值为 74.27 亿元,占生态服务价值的 26.8%,社会服务年价值为 12.01 亿元,占生态服务价值的 4.3%。

森林资源功能量 北京市现有林地面积 105.79 万公顷,果品年生产量 8.36 亿公斤,活立木蓄积量年增长量为 73 万立方米。

北京市森林资源每年吸收二氧化碳 972 万吨,释放氧气 710 万吨,碳蓄积量为 1.1 亿吨。

森林生态系统年拦截降水量最大可为 14.64 亿立方米;森林林地非毛管孔隙蓄水总量 2.80 亿立方米;净化水质量 2.96 亿立方米。

北京市森林资源环境净化功能包括年减少二氧化硫为 7.24 万吨;年减少氟化物 1959 吨;减少氮氧化物 3450 吨;年释放植物杀菌素共 48.23 万吨;年释放负氧离子 2818 亿个;森林能减少 25434 公顷农田的病虫鼠害;年可滞留灰尘 1710 万吨。

北京市森林植被养分年增长量为 10.2 万吨,森林通过枯落物分解向土壤输入有机质量为 77.1 万吨。

北京市森林生态系统每年可保持土壤 158 万吨,从而避免 542 公顷的土地被废弃,减少 30.1 万立方米的泥沙淤积,减少 5.19 万吨养分流失。

森林功能的多样性 森林可以满足各种各样的功能。它被居民看做是最具吸引力的休闲空间,提供自然生态保护,对数量丰富的动植物而言都是非常有价值的生存空间。森林现在作为原材料供应方的意义在逐渐丧失。森林的存在积极影响着城市气候，它的土壤有过滤作用，是水源供应的储备。它能防止水土流失、塌方和滑坡，并且同大量氮气和净粉尘紧密联系在一起。为了最大可能满足森林的不同功能，森林将根据国际的标准进行开发利用。

森林的休闲功能　这种交通便利且容易开发的森林展现出极高的休闲价值和体验价值。在瑞士有大约一半苏黎世人每周至少到访一次，老人则要更频繁一些。据估计，每周大约有超过 400000 人次造访森林。

去森林游玩的最大动机则是呼吸新鲜空气以及接触自然环境。来访者认为森林的休闲功能是非常重要的，并且对现在供应的设施非常满意。大约有一半左右的游人选择步行走入森林。

动植物的生存空间　大约有 10% 的森林面积有着极高的自然价值。这些区域内有着受保护或者濒危的动植物种类，以及最具保护性的森林社会。由于能够活动的场地越来越少，森林对于野生动物的重要性也在不断提高。在北京也设立了野生自然保护区，城市里的野生动物保护者要求保护森林里的野生环境，同时禁止自由狩猎。

市材的应用　近年来，森林的经济效益或者说木材砍伐活动已经大幅下降。通过利用环境友好型的木材作为能源，使得那些没有什么价值的木材也能发挥作用。在京都议定书实施后，森林在未来很有可能对减少温室效应有着积极的影响。因此，森林的经济收益在未来的前景应该是比较乐观的。

增大的使用压力　如同其他绿色空间和开放空间一样，森林里也有不同使用群体间因为使用目的不同而引发的争论。这有可能影响到野生原生态的状况。因此，森林的保护显得尤为必要。

2011 年北京市森林资源情况

来源：首都园林绿化政务网　　日期：2012－03－30　09:56:00

指标名称 甲	计量单位 乙	代码 丙	实际 1	京市东城区	京市西城区	京市朝阳区	京市丰台区	京市石景山区	京市海淀区	京市门头沟区	京市房山区	京市通州区	京市顺义区	京市昌平区	京市大兴区	京市怀柔区	京市平谷区	京市密云县	京市延庆县
一、林地面积	公顷	1	1047847.05	552.44	431.70	10466.76	9076.20	3030.32	18195.64	136073.25	134035.91	19147.71	28219.63	84780.57	28211.70	183236.26	70415.25	166476.88	155496.83
二、林木面积	公顷	2	898927.34	800.93	738.61	10592.25	11926.90	3390.60	18221.19	84457.94	108895.27	21679.92	27213.37	82992.45	26889.71	160396.54	63423.10	146044.90	131263.66
三、森林面积	公顷	3	673411.77	552.44	431.70	8684.57	7964.10	2341.08	15262.49	53309.39	53896.64	17888.62	21599.07	54110.75	24515.64	112839.60	60151.59	130378.81	109485.28
四、湿地面积	公顷	4	51434.10	108.70	180.30	1691.20	1419.20	257.30	1491.30	3899.50	4808.20	7910.30	2001.50	2187.50	4446.40	3099.40	3324.70	10914.00	3694.60
五、活立木蓄积量	立方米	5	1899.37	3.69	4.89	66.05	39.79	19.08	89.21	125.83	150.22	191.80	239.85	143.76	122.75	173.24	82.95	245.13	201.13

绿色北京书 —————— 84

续表

指标名称	六、森林蓄积量	七、林木绿化率	八、森林覆盖率	九、本年森林火灾次数
计量单位	立方米	%	%	次
码	6	7	8	9
全市	1468.72	54.00	37.60	3.00
京市东城区	0.00	19.13	13.20	0.00
京市西城区	0.00	14.62	8.54	0.00
京市朝阳区	47.76	23.28	19.08	0.00
京市丰台区	19.87	39.00	26.04	0.00
京市石景山区	4.70	40.21	27.76	0.00
京市海淀区	61.34	42.30	35.43	0.00
京市门头沟区	118.90	58.22	36.75	1.00
京市房山区	116.94	54.73	27.09	0.00
京市通州区	128.67	23.92	19.74	0.00
京市顺义区	112.09	26.68	21.18	0.00
京市昌平区	103.15	61.77	40.27	0.00
京市大兴区	102.78	25.95	23.66	0.00
京市怀柔区	167.34	75.57	53.16	1.00
京市平谷区	72.79	66.75	63.31	0.00
京市密云县	217.42	65.51	58.48	1.00
京市延庆县	194.97	65.84	54.91	0.00

续表

数据来源:北京市园林绿化统计网站

指标名称	计量单位	码	年总际	京市东城区	京市西城区	京市朝阳区	京市丰台区	京市石景山区	京市海淀区	京市门头沟区	京市房山区	京市通州区	京市顺义区	京市昌平区	京市大兴区	京市怀柔区	京市平谷区	京市密云县	京市延庆县
十、本年森林火灾经济损失	万元	10	1.70	0.00	0.00	0.00	0.00	0.00	0.00	0.70	0.00	0.00	0.00	0.00	0.00	0.00	0.00	1.00	0.00
十一、本年森林火灾受害森林面积	公顷	11	1.60	0.00	0.00	0.00	0.00	0.00	0.00	0.41	0.00	0.00	0.00	0.00	0.00	0.92	0.00	0.27	0.00

十年之后……

北京市的森林将会基本满足生物多样性的要求和功能，它被当做市民的休闲疗养场所以及动植物的生存空间，木材的使用将更加谨慎，保护措施将更加严格，森林将被当做水源地和气候调节器。森林面积保持稳定，而它自身的森林边缘则具备很高的生态价值。

自然保护区在自然公园中占据了大部分，其中优先保护生物的多样性。在特殊环境下具备潜力的生存空间，例如沼泽地，将会通过相应的措施来进行充分的开发。

野生动物的存在状况　森林内可以发现适应当地环境的野生动物，这里具备良好的生存基础以及广阔的生存空间。在最重要的区域内，影响野生动物的行为已经开始减少。银枞作为森林状况的指标，在树种足够多的情况下可以以自然的方式使树龄年轻化，它可以健康成长，不需要像其他树种那样采取相关措施才能免遭动物咬坏。

积极地参与利用　森林中休闲疗养场所是按需设立的，而不同的森林功能和不同用户组间有关森林利用的争论是通过积极参与进程来实现的，并且可以缓和争论。

极高的价值估计　在居民心中，森林的价值是非常高的；森林被所有年龄段的人当做是休闲和享受的场所。市民对垃圾问题都深恶痛绝，因此森林中极少出现垃圾。

可持续的经济开发　政府对森林非常重视，对于森林的经济开发要求可持续性，不同地方的木材可能在紧密的市场经济运作中得以发挥他们自身的价值。

落叶松和橡树同样适用于大型树龄年轻化的植物群落。市区内木材的利用至少同木材的净增长相匹配。森林可以通过它的储存功能调节二氧化碳平衡。

北京的森林公园　我们将北京的森林公园与瑞士苏黎世的森林公园的情况做一比较，在苏黎世，锡尔森林和朗恩山野外公园是整个城市自然保护公园的核心。这个阿尔卑斯山区域内的森林和约特里山脉（Uetliberg）的森林将以自然友好型的方式进行经营，并用这种方法成为自然保护公园的一部分。不同区域内的进程保护、物种保护、自然阅历和休闲疗养可以同时并存。州级保护规则《锡尔森林》已经生效，而在锡尔森林区域内的锡尔塔大街也同样被纳入乡镇街道。和朗恩山野外公园相同，锡尔森林的公园中心也是所有不同年龄段的人们最熟悉的地方，亦是他们最感兴趣的地方。

　　在北京，森林公园的建设初见成效（见下表），在"十二五"规划期间内，政府将加大对森林公园的保护和发展。

北京市森林公园基本情况一览表

来源：首都园林绿化政务网　　　日期：2008－07－09　03：05：00

编号	单位名称	公园级别	审批单位	批准时间（年）	总面积	所在区县	建设单位
合计					73691		
1	西山国家森林公园	国家级	原国家林业部	1992	5933	地跨海淀、丰台、石景山	市西山试验林场
2	上方山国家森林公园	国家级	原国家林业部	1992	353	房山区	房山区上方山林场
3	蟒山国家森林公园	国家级	原国家林业部	1992	8582	昌平区	市十三陵林场
4	云蒙山国家森林公园	国家级	原国家林业部	1995	2208	密云县	密云县云蒙山林场
5	小龙门国家森林公园	国家级	国家林业局	2000	1595	门头沟区	门头沟区小龙门林场
6	鹫峰国家森林公园	国家级	国家林业局	2003	775	海淀区	北林大妙峰山教学试验林场
7	大兴古桑国家森林公园	国家级	国家林业局	2004	1165	大兴区	大兴区安定、长子营镇政府
8	大杨山国家森林公园	国家级	国家林业局	2004	2107	昌平区	昌平区兴寿镇政府
9	八达岭国家森林公园	国家级	国家林业局	2005	2940	延庆县	市八达岭林场
10	霞云岭国家森林公园	国家级	国家林业局	2005	21487	房山区	房山区霞云岭乡政府

续表

编号	单位名称	公园级别	审批单位	批准时间(年)	总面积	所在区县	建设单位
11	北宫国家森林公园	国家级	国家林业局	2005	914	丰台区	丰台区林业局、长辛店乡
12	黄松峪国家森林公园	国家级	国家林业局	2005	4274	平谷区	平谷区黄松峪乡政府
13	天门山国家森林公园	国家级	国家林业局	2006	669	门头沟区	门头沟区潭柘寺镇政府
14	琦峰山国家森林公园	国家级	国家林业局	2006	4290	怀柔区	怀柔区琉璃庙镇政府
15	喇叭沟门森林公园	国家级	国家林业局	2008	11171	怀柔区	怀柔区喇叭沟门满族乡
16	森鑫森林公园（顺鑫绿色度假村）	市级	原市林业局	1994	981	顺义区	市双青联合林场、顺鑫集团
17	五座楼森林公园	市级	原市林业局	996	1367	密云县	密云县五座楼林场
18	龙山森林公园	市级	原市林业局	1998	141	房山区	房山区周口店林场
19	马栏森林公园	市级	原市林业局	1999	281	门头沟区	门头沟区马栏林场
20	白虎涧森林公园	市级	市林业局	1999	933	昌平区	昌平区阳坊镇林业站
21	丫吉山森林公园	市级	原市林业局	1999	1144	平谷区	平谷区丫吉山林场
22	西峰寺森林公园	市级	京市园林绿化局	2007	381	门头沟区	门头沟区西峰寺林场
23	南石洋大峡谷森林公园	市级	北京市园林绿化局	2008	2123.8	门头沟区	门头沟雁翅镇

续表

编号	单位名称	公园级别	审批单位	批准时间(年)	总面积	所在区县	建设单位
24	妙峰山森林公园	市级	北京市园林绿化局	2008	2264.7	门头沟区	门头沟妙峰山镇
25	双龙峡东山森林公园	市级	北京市园林绿化局	2010	790	门头沟区	门头沟斋堂镇火村
26	银河谷森林公园	市级	北京市园林绿化局	2011	8446.24	怀柔区	怀柔区汤河口镇
27	莲花山森林公园	市级	北京市园林绿化局	2011	2210	延庆县	延庆县大庄科乡
28	静之湖森林公园	市级	北京市园林绿化局	2011	351.2	昌平区	昌平区兴寿镇

参考链接：以下为瑞士苏黎世的参考数据和计划

	现今的参数	10 年后的目标
城市区划内的疗养森林面积	2231 公顷，其中城市：1138 公顷 联邦/ETHZ：192 公顷 苏黎世州：226 公顷 协会：449 公顷 私有森林：226 公顷 锡尔森林保护：1070 公顷 朗恩山野外公园：40 公顷	保持
除苏黎世以外的**"绿色都市苏黎世"**森林城市区域内疗养森林的前提	城市所有：内容丰富的疗养：128 公顷或 12% 经济开发：670 公顷或 59%，其中中部森林 7 公顷 顺应自然：340 公顷或 29% 其他所有森林：目前没有数据	自然阅历公园
价值估计（2004 年**"绿色都市苏黎世"**的效益对照表）	疗养价值的重要性：5.7（最高为 6） 疗养价值的满意度：5.3（最高为 6） 阅历价值的重要性：5.3（最高为 6） 阅历价值的满意度：5.1（最高为 6） 洁净程度的重要性：5.6（最高为 6） 洁净程度的满意度：4.3（最高为 6）	确定 LEK/WEP 的前提见数据 满意度与重要性相匹配
对森林和森林边缘的利用（2005 年全民问卷调查）	几乎每天都去：8% 一周多次：18% 一周一次：24% 一个月多次：20% 很少：21% 从没去过：9%	满意度与重要性相匹配保持高使用率
城市区域内的野生动物	狍子：大约 240 头 狐狸：大约 1000 只 獾：大约 160 只 野兔：大约 60 只 野猪：大约 25 头	满意度与重要性相匹配

续表

	现今的参数	10 年后的目标
步行和散步	苏黎世疗养森林：253 公里 锡尔森林和朗恩山野外公园：76 公里	减少，数量与生存空间相符 保持 推动 与 需 求 相 适 应，实 施 LEK／WEP
特 殊 基 础 设 施 和 安排	在城市区域内 森林障碍跑和里圈跑：10 自行车：3 烧烤：150 长凳：大约 1050 眺望台：1 泉源：342（在水资源保护区内有 193 公顷森林）	自然阅历公园，实施运营 计划
森林边缘	锡尔森林和朗恩山野外公园 烧烤：17 长凳：大约 239 眺望台：1 泉源：20 大约 130 公里没有横贯而过的街道，其中，大约 20 公里具有生态价值	保持，高份额与 LEK／WEP 相符的高价值生态结构 100％ 至少净增长
城市区域内森林的 FSC 经济开发的部分 每年木材使用	在城市所有的森林：100 在其他人所有的森林：95	至少净增长
圣诞树制造	在城市所有森林：8970 平方米，同净增长相匹配 在其他人所有的森林：8543 平方米 **绿色都市苏黎世**：每年 4500 棵 其他森林所有者：每年 500 棵	保持
城市区域内流经森林的河流	64 公里	保持

我们的行动领域

森林功能的升值　在瑞士，苏黎世政府通过含有景观发展计划（LEK）和森林发展计划（WEP）的创新解决方式对森林不同的功能进行升值和相互关联，并且为此同所有参与者紧密合作。北京在"十二五"规划中也制定了全面提升森林价值的措施。

推动物种多样性　通过有目的的管理和开发经营，我们尽可能充分开发有着高生存空间潜力的特殊区域，例如沼泽地、森林边缘和自然森林。我们按照生态预定指标管理着森林边缘，并想办法保持森林区域中的自然平衡。

规范市材应用　我们严禁滥伐森林，当使用木材时，至少是使用森林内净增长的木材。这一经济上的要求有可能带来一个更为紧密的供给圈，在可持续发展目标的范围内，我们投入木材作为能源以及协助城市建设。

推动植树造林　我们用适合区域内生长的树木品种进行造林，并且追求着健康、多样化的森林状况。例如，在平原地区，2012 年北京市就计划新增造林面积 20 万亩（约 1.33 万公顷）。

北京的森林公园　北京的森林公园会得到科学的养护，为此我们制订了必要的计划。各大森林公园的发展进程将得到观察和记录，并且会在公园中心发展各具特色的自然形态区域。

公共场合的工作　我们向北京的市民们推广着对森林价值的理解，并且采取了各种方式提供服务，让市民亲近森林，获得相关的生活体验。

农 业

　　北京有一定数量的土地用于农耕、草场和农田用他们不断变迁的文化和风景影响着北京。由于不断上升的使用要求，这一区域持续超负荷运作并且被步步紧逼。作为绿色区域内的经济作物，在不久的将来，农业可以在生物农业和具有代表性的动物养殖中占据领先地位。

　　据试算，2010年北京都市型现代农业生态服务价值贴现值为8753.63亿元，比上年增长1.8%；年产出价值为3066.36亿元，比上年增长3.1%。北京都市型现代农业生态服务价值年值构成中，直接经济价值为348.83亿元，占总价值的11.4%，比上年增长4.1%。间接经济价值为1002.75亿元，占总价值的32.7%，比上年增长7.2%。生态与环境价值为1714.78亿元，占总价值的55.9%，比上年增长0.6%。

绿色北京书、"绿色都市北京"结构及可持续发展之关联主题

绿色北京书		绿色都市北京结构	可持续性（MONET）
主题	页数	产品系列和产品	基本要求
绿地和开放空间			**社会凝聚力**
城市环境	25	**领悟自然/促进自然**	满足需求
基本观念		教育/经历	对健康的要求
生物多样性	105	索取方式/开拓生存空间	重视健康的发展
环境	113	自然森林	**经济效益**
开放空间的供应	120		与制度相一致的市场投入
开放空间的利用	126	**自然界/开放空间**	与环境相适的产品
参与及合作	141	广阔的绿色面积	与环境和社会相适应的消费
		农业	**生态责任**
环境教育		建造绿地/开放空间的项目	保持自然生活基础
绿色知识	151		保持生物多样性
交流方式	156	支柱型产品	新资源的使用限制
自然学校	159		生态平衡
自然体验公园	168	顾客群	供给的不确定性
自然产品维护	171		自然风景和人文风景的价值
		服务	指示物
实施机构	175	协商/控制	**社会凝聚力**
			良好健康程度下的预计寿命
		产品支持	心理健康
			大量健康行为，积极锻炼身体
		顾客群	普遍生活满意度
			共同捐赠环境
		热爱疗养者	当地进程参与的可能性
		租用者和出租者	**经济效益**
		移民	环境性地颠覆
			生态责任
			农用地
			生物农业
			生物农产品的消费
			重金属和PAK垃圾对土地的污染
			土层增厚
			风景多样性/风景画
			挑选出的种植区域
			生态标签中非绿色食品的物种多样性
			使用多样性和土壤覆盖多样性
			国家保护区

现今的农业……

我们先来看一下瑞士的情况，希望对北京有所启示。瑞士因其农业用地的高效率休耕和建筑用地的高密度修建这两种情况并存而著称。在瑞士苏黎世，36座田庄将约百分之十的城市土地投入农业使用，十二个工厂归城市所有，并受悠赫庄（Jochhof）租赁。

高效的休耕　农业用地将人口密集区分割开来并且影响到了自然景观的分布，乡村牧歌式的风景成为人们的喜爱之地，草场和耕地的轮休区以及其中的阡陌小道使乡村成为了极具吸引力的近距离休闲胜地。

艺术化的生态　大多数农产品加工企业的加工对象既包括植物又包括动物。农业用地的管理要满足生态效率的要求，并且要遵守生物准则。所有蓄养食用动物的企业至少要遵守目前实行的动物保护法规，大部分食用动物要圈养或放养。个体的农民主要选择种植业，有时会参加有报酬的环境护养工作或者种植专门的经济作物。有专门的经济作物加工厂加工蔬菜、浆果、水果。农副产品加工厂主要蓄养奶牛、羊和小型动物。工厂之间常常合作，他们共用机器生产或者为了产品直销而在农场上交换产品。在瑞士苏黎世，有许多工厂积极参加如《农场小学》或《打开圈门》等计划，成功拉近了城市居民与自然的关系。在健康的要求下，健康意识教育和健康食品生产越来越重要。

合理的土地管理　对北京而言，在土地管理方面的经验可以学习瑞士，在瑞士，对城市来说，绿地的农业化使用是一种非常合理的土地管理模式。这种土地可以借其专门的生态效益来获得国家和苏黎世的直接付款，这些收入占农户总收入的一半，与他们的农产品直接出售所获得的收入持平。但是农产品价格持续下降与欧盟市场价格达到了一致，这增加了企业的压力。这种情况下，接近自然的、位置适宜的农业生产却可以得到相应的回报，一些品牌如ZueriChronBrot，他们的产品质量高且有利于健康，这一点极大地促进了产品销售。这类农产品的直销营业额已经占据单个农场总销售额的四分之一。

农业用地在减少　苏黎世城市平均工业用地面积已超过了国家平均值。在过去的十年中，由于城市发展和农业政策，苏黎世的农业用地面积在减少。市区的农业用地减少了15%，加工企业的数量减少了20%。我们可以预见，农业用地面积和加工企业数量将进一步减少。

多样化生产的农庄 北京在积极探讨农业多样化模式，我们还是来参考苏黎世，悠赫庄（Jochhof）作为苏黎世的城市加工厂可以满足生产多样化的需求，它所占用的土地可以以联营的方式为产品交换服务，并且不受生物方面的限制。这样保证了农业用地的高使用率。悠赫庄的牛奶和酒主要是在城市里销售。种植业主要生产谷物，由此产生的有机肥料可以用来养猪。将饲料填喂技术用于未阉割的小公猪是喂养方面的技术创新。

北京市按照"提档升级、规范提高"的发展理念和"部门联动、政策集成"的建设模式，休闲农业规模不断扩大、品质不断提高，据统计，北京郊区开展观光休闲服务的农业园已经达到1300个，其中市级观光园95个；市级民俗旅游村207个，市级民俗旅游户9970户；年接待游客3511万人次，实现收入30.4亿元。北京休闲农业已经进入蓬勃发展的新时期。

十年之后……

农业用地和森林还有其他绿地组合在一起，就是市民心中最具代表性、功能最齐全的绿化带，并且这也构成了北京如画的风景。果园和草场影响着开放的文化风景，因为对下一代来说，农业用地是非常有价值的资源储备，所以要求在可持续发展的前提下进行持续不断的重复利用。以下是瑞士在未来十年内的做法，相信会给北京很多借鉴。

生物农业和动物保护　农业用地完全是通过合适的地理位置以及根据生态效益（OeLN）来进行环境友好型耕作的。此外，根据生物农业的规程，会出现一个超过全国份额的平均数。动物的喂养并不仅仅是让动物种类符合动物保护规程，而且要有榜样示范性。城市区域内全部的农庄不会有转基因动物。水果乃至所有适合市场需求的农产品均要求有一个紧密的产业供给链——通过直接从农庄卖出或在规定企业范围内销售。质量标签和产品标签作为一种手段负责监督整个流程。

积极倡导健康饮食　居民们已经完全认识到吃出健康的重要性，大家在购买动植物农产品方面已经有了直接购买健康绿色食品的渠道。**"绿色都市苏黎世"**支持孩子们和年轻人去农场——通过假期活动以及通过实际制作农产品的机会，例如共同生产葡萄酒——来感受和倡导健康。

企业的多样化功能　农业企业是由市民来评价的。农庄确保对绿色知识有所贡献，并且提供给人们深度体验自然的机会，而针对特殊的生态效益或共同作用的效益则需要额外开销。大农庄是作为集体所有制企业进行生态独立的经济个体来运营的。具备专业素质和技能的农业企业的副业一般都是有意义且十分受欢迎的。农业经营者认识到自己的特殊任务就是在市郊作为一个生态农田使用者、环境保护者以及服务者。而经济上的框架条件则要求农业经营者作为企业主去开拓革新后的行业，以及去发展，例如生物能产业或旅游业等副业。

农庄发展服务产业　作为所有制多样化企业，农庄负责生产农业产品，尤其是发展同农业领域接近的服务业——在农产品利用的领域内，在有绿地照料的情况下，积极发展创新型的社会文化产品。此外，农庄还作为出租区域，在集体城市的利益中能够确保土地调换时保持较高的灵活性。

参考链接：以下为瑞士苏黎世的参考数据和计划

	现今的参数	10年后的目标
城市区域内的农业用地 LN	939公顷，其中：三分之二市里所有 三分之一私有/联盟/州 10%在建筑区域内	保持
除了城市区域，在"**绿色都市苏黎世**"管理下的农用地生态平衡面积	约80公顷	保持合伙经营面积
企业	117公顷或18%农用地有利于生态平衡 有76种，其中16公顷或9%与OEQV相符 市区内有36个农场企业，其中： 11个归苏黎世所有，出租 1个归城市所有，农庄种植（悠赫庄）	保持农用地的高份额 使结构达到长期存在的效果
苏黎世的平均耕作面积	除城市（霍根贝尔格 Horgenberg）之外， 1个由"**绿色都市苏黎世**"经营 17.5公顷 36个耕作在市内：26.8公顷 12个城市所有耕作：43.8公顷 250公顷用做生物耕作（27%的农用地） 剩下的根据生态效益（OENL）耕作	10所市有企业：大约60公顷 OeLN是标准，超过平均数的份额都要生物耕种 所有市有出租企业按照生物规程。在出租农用地给第三方时给予生物企业优先照顾 保持多样性
农业企业中的动物数量	36个农业企业中有9个生产生物制品	
动物饲养	牛：约650头 马：约60匹 羊：约2200只 鸡：约2600只 猪：约900头 超过70%的公牛母牛，50%的猪应用动物友好型较大的厩栏，并定期放风。超过80%的鸡需要使用到动物友好型厩栏，在露天放风 （额外项目BTS和RAUS）	80%的公牛母牛和80%的猪要当作榜样保持 90%的鸡当作榜样保持

	现今的参数	10 年后的目标
城市区域内高大的果树	4750 棵，其中有近 3000 棵来自农用地	10000 棵，其中至少有 5000 棵来自农用地 超过三分之一的收入 巩固品牌，推动区域市场发展
直接卖出 贴标签卖出、城市中农业企业的直接数量	一个企业大约四分之一的销售额 现有标签：苏黎世面包 ZueriChornBrot，FSC 木材，生物 联邦和州中的 CHF 一百五十万	实施同 OEQV 相符的应用项目 实现地方贡献 作为可组合的农业企业和服务业来发展 种植面积和产品数量取决于新成果的多少
悠赫庄 Juchhof	农用地：约 155 公顷 葡萄酒：每年产量约 18000 瓶 粮食：大约 200 吨 奶制品：400000 千克 喂肥的猪肉产品：约 1100 头	

我们的行动领域

景观保护　我们主张在城市绿化和自然保护区内保留一定的面积用于自然景观建造。鉴于合理的土地需求证明，我们会对该保护区内的建筑申请进行仔细审核。

提升价值　我们负责推行适当的措施，来满足人们针对农业环保所提出的不断发展的需求，比如农田耕修、自然景观保护、生态平衡，同时致力于推动人工造林，有效管理蔬菜种植及放牧。

生态环保　我们支持与环保项目体系相符合的生态质量管理方法，并且在已有的最大市场份额中加大生态经济的比重。因此我们认为，所有与动物相关的问题都必须要符合动物保护计划和户外野生场地管理原则。为了保护生态，还要推行积极的措施来减少废气排放，特别是二氧化碳、浮尘微粒和氮气的排放。

跨企业合作　我们支持在绿地保护和环保产品使用方面的跨企业、可持续合作。

推动市场化　要发展农产品消费和市场化的产业链，首先是将产品从农村直接卖向城市加工点，比如餐厅、小吃店或者家庭。高认可度的质量和生产标签使这种销售成为现实并受到欢迎。

公共福利的补偿　我们制订了关于公共福利补偿的计划。

土地政策　在出租土地时遵守定义明确的经济、生态和社会方面的准则。

公共事业　在城市农产品加工点宣传环保思想，让他们以此作为行动和价值的准则，加强他们的绿色环保意识。

法律基础　我们同意在定向和使用计划的框架下满足农业和自然景观保护的要求。

农庄定位　我们将农庄定位于城市服务产业：服务于农产品使用，专业绿地护养和创新的社会文化供给。农庄为将来的人们提供了可持续发展的绿地保障。在规划的制定过程中，坚持与区县功能定位相结合，搞“一区一色、一村一品”。所谓“一区一色”，是指每个区县的休闲农业都有不同的特色，走差异化的路绒，形成错位竞争。比如，大兴区定位为“绿海甜园休闲旅游区”、平谷区定位为“休闲绿谷”、怀柔区定位为“不夜怀柔”、密云县定位为“渔乐圈”。所谓“一村一品”，是指民俗旅游村不搞大而全，而是要突出本村的地域特色，比如，灯笼村、梨花村、风筝村等。2009 年 1 月，北京市旅游局与市技术监督局制定了《乡村旅游特色业态标准及评定》，规定了"养生山吧、山水人家、国际驿站、休闲农庄、乡村酒店、生态渔家、民族风苑、采摘篱园"等八个乡村旅游新业态的地方标准，成为全国首批乡村旅游新业态地方标准。

绿色北京

基本观念

生物多样性

环境

开放空间的供给

开放空间的利用

开放空间的规划及园林文化

参与和合作

生物多样性

　　北京的生活空间多样化，是多种动植物的理想家园。为了保证北京在未来也能够为生物的多样性作出重要贡献，我们必须保护并有针对性的增加现有生物群的生活区。这一点，只有在我们建立并形成尊重生物物种及其生活区多样性的基础上才能实现。

绿色北京书、"绿色都市北京"结构及可持续发展之关联主题

绿色北京书		"绿色都市北京"结构	可持续性（可持续发展的监测）
主题	页数	产品系列和产品	基本要求
绿地和开放空间		**领悟自然/促进自然**	**社会团结**
城市环境	25	教育/体验	满足需求
公园、广场和公共用地	33	展览	考虑到发展的幸福
专用开放空间	42	野生动物饲养	**经济能力**
居住及工作环境	73	野生动物及鸟类保护	符合环境要求的生产
森林	79	物种及生活区的促进	**生态责任**
农业	93	自然森林	自然生存基础的保持
			生物多样性的保持
维护环境		**自然界和开放空间**	生态平衡
		休闲式森林	生态风险最小化
环境教育		公墓	自然景区和文化景区的生存
绿色知识	151	公园	价值
		学校绿地	
实施机构	175	粗放式绿地	指标
		农业	**社会凝聚力**
		绿地和开放空间的规划建设	精神的健康
		土地和建筑物的管理	树立形象的环境
		出租土地	对居住环境的满意度
		农业租赁	**经济能力**
		帮助服务	环境管理体系
		咨询/监察	环境相关的经济资助
			生态责任
		支持产品	农用土地
		用户群体	生物农业
		教学人士	生物产品的消费
		研究人士	流动水域的空间需求
		休闲人士	物种的多样性
		居住人士和工作人士	使用多样性及地表植被的多
		租用/租赁人士	样性
		建筑/规划人士	国家保护区
			生态平衡的土地面积

现今的生物多样性……

北京市立足于建设"世界城市"的目标，进一步加大了生物多样性保护力度。如今北京已形成森林、湿地、农田、灌丛等多种自然生态系统，为不同生态特性的动植物提供了赖以生存的良好环境。

近年来，北京野生动物的种类和数量明显增多，仅野生鸟的种类就从1982年的118种增加了如今的360种，老北京儿时记忆当中的翠鸟、啄木鸟等鸟类目前已经重现在北京城区的一些公园里。与此同时，北京郊区的野生动物种类也在逐年增加，野兔、猫头鹰等野生动物的数量已开始成倍增长。截止到目前，本市的林木绿化率达到52%，在首都的24座森林公园里，上百种丰富的植被，给野生动物提供了良好的栖息之地。良禽择木而栖，首都的绿化美化成果造就了丰富的生物多样性资源。如今北京五环内的常规植物就有600多种；其中，279种出自北京本土，而其余都是来自国内外的优良品种。

全市已建立了各级各类自然保护区20个，总面积达到13.4万公顷。使本市90%以上的野生动植物及栖息地得到了有效保护。濒临灭绝的一些北京乡土植物，也得到了及时的挽救。

特殊的自然价值 基本上所有的未开垦土地及有房顶和墙壁的空心空间等，都可以作为动植物的潜在生活区域。在北京拥有很高自然价值的地区是农耕区、湿地和所有有坡度的河流。在北京各区县都有很多有特殊价值的生物区域，它们储备了生活区中的城市动植物群。它们被列入当地的自然风景保护区，并得到专业的照顾和有针对性的改善。在保留区域中，价值丰富的核心地带被合法地保护起来，确保其能够得到保护和保持。这些保护区的绝大部分属于农业区域。

自然区域的连接 为了保证生物群体能够长期地生活下去，我们必须不断维护他们的生活区域并且使他们能够连接起来。比如，通过绿化带、运输护航带、河流和灌木丛。大面积的生态连接、生态平衡和有针对性的连接计划构成了农业贡献的基础。健康生活区域的主要前提是连接通道以及对自然绿地的保护。

城市的生活区域 北京是个具有很多自然空间的城市。生态多样的绿色空间不仅有利于动植物，同时在本质上也能提高在此生活和工作的人类的生活质量。然而由于现在越来越多的空地被占据用于开垦，保持生活空间的多样性和建筑密度不断发生根本性冲突。除此之外，业余活动也给现存的绿色空间越来越多的负担。有些野生动物—比如野鸭或者野兔—在他们自己的生活区域仍然遭受到干扰。其他的动物种类，如猫或者狗，在城市中生活的很好。他们种群的繁殖和行为的改变—由于错误的、任意的对动物的爱好，如饲养—有时候变成了问题，并且在疾病和疫情方面存在着潜在的危险。

对现存多样性的支持　北京在很久以前就已经开始了大范围的保护物种，并开展保护它们的生活区域的项目。得益于这些项目的大力推动，濒危鸟类和爬行动物等物种才得以生存下来。没有这一项目，这些物种现在可能已经消失了。当地的物种仍然会越来越多地受到外来动植物物种的威胁，这其中也包括害虫和病原体。

提升居民们的重视　居民重视植物物种多样性并认为这是有利的，然而人们对于生物多样性的认识还是不够的，在大自然中生活的物种的种类被大量的低估了，物种的减少被给予的关注度太低。因此有必要对于不同的人群群体，如消费者、政策决策者和青少年，进行广泛的基本信息的宣传和基础知识的教育。

保护生物多样性，首都各界都在积极参与。近年，北京市陆续颁布了《北京市森林资源保护管理条例》等多部地方法规，为生物多样性保护提供法制保障；北京林业大学、科技大学等高校连续13年来，积极开展宣传生物多样性保护的相关咨询活动。全市各大中小学平均每年都组织学生参与两到三次社会性生态保护宣传活动。未来，本市将会把保护生物多样性的科技成果继续应用到绿化建设中，保障首都生态安全、改善生态环境、弘扬生态文明。

十年之后……

北京的景区和城市生活区域丰富多样，因此为生物的多样性作出了重要的贡献——就算在城市边界之外的环首都区域也是如此。为了保持植物物种和生物物种的多样性，在农耕区、开放景区和森林里都有足够的、高质量的并且相互连接的空间以供使用。

市政部门划定的保护生活区域很早就得以确认并被保持。如果哪里要放弃有保护价值的生活区域，必须保证能够长期提供相应的替代品，这样才能保持良好的状态。用一个全面的平衡的整体规划使生态、设计、专用以及经济方面都能够彼此相互制衡，同时"自然价值指数"这一工具为此提供良好的基础。

生态区域的连接　对于生物和景观多样性起到至关重要作用的生活区域——其中也包括活动水域、森林和林边区域——是大规模连接在一起的。有保护价值的生活区域在考虑到城市结构特色的情况下被小范围的连接在一起。生态平衡的区域保证大自然在开垦区域也得以繁茂并保护物种的多样性。

多样的生活区域　很多的平屋顶都已经被绿化并拥有很高的生态价值。新老种类的果树不但是生活中的绿色，同时也是文化财产。旧物种的意义重大，面积不断扩大的本地灌木丛和小丛林成为了文化景区的固定组成部分。不管是否需要花费额外费用，维护自然绿地都是十分有价值的，是能够对生活区域起到绿化保护作用的。

确保生活基础　野生动物和鸟类按照自己的需求寻找合适的生活基地，它们的生存要适应生活环境，并且在这里健康生存。重要的野生动物的通道必须是畅通无阻的。威胁到当地动植物物种扩散的物种，如害虫和病原体等已经得以控制。

掌握物种多样性　北京这座城市的物种种类很多，这些物种会定期接受检查，我们会估算其自然价值指数，并将其列在卡片上公布于众。

▶濒危物种（红色清单）

▶能够成功得到支持的物种（蓝色清单）

▶有特殊要求或稀有物种

▶对于北京尤其有价值的物种

▶外来物种和入侵物种（黑色清单）

被重视的自然体验 城市自然环境对生活质量有着重大的意义，尊重自然的市民很多。我们也有很多可以体验自然的服务，这些服务能够满足不同群体的基本偏好。这种偏好以令人惊喜的、非传统的形式和与环境有关的主题连接起来，其中生物多样性这一主题在城市化和全球联系中显得尤为重要。

传播自然知识的义务 由志愿者形成的网络在支持生物物种多样性的观察和评估方面给予了北京以帮助和支持，与群体自然有着密切联系的人可能会积极传播相关自然知识。

参考链接：以下为瑞士苏黎世的参考数据和计划

	现今的参数	10年后的目标
保护区 无森林土地	98公顷，其中71公顷属市政性	大约240公顷，保护最有价值的区域
地方自然和景观保护对象 无森林土地	500公顷地方性，其中 15公顷市政性（无保护要求） 150公顷属城市，350公顷非城市 150公顷在建筑地带，350公顷在保留地带 1230个可筑巢地	保持现有质量，并把最有价值的区域转化成保护区 保持现有水平
确定符合管理规定并亲近自然的经营管理	苏黎世城市：100% 其他的城市服务部门：大约70% 家用花园和业余活动花园的租用者：大约60% 个人生活所有：没有数据	保持现有水平 100% 100% 确保亲近自然的经营管理
生态平衡	农业用地中生态平衡的土地面积：18% 在开垦面积中有生态价值的部分：大约15% 在特殊使用规划和地区越界建设时确保其转变 在所有建筑法程序范围内的报告	保持高的总额，并通过联网项目和保护规定确保总额 保持15% 确保个别建筑计划的转变，并存在与之相符的法律基础
物种多样性	城市范围内的植物物种：大约1200（瑞士大约有2700种植物物种） 城市范围内的脊椎动物：174（瑞士有404种） 城市范围内已被证明的动物物种： 哺乳动物：32（其中包括9种蝙蝠） 鱼类：28 两栖类动物：11 爬行动物：5 鸟类：孵化鸟类98 蝶类：53 蝗虫和蟋蟀：27 蜻蜓：36 萤火虫：2 （在瑞士大约存活有40000动物物种）	保持现有水平 保持现有水平 保持现有水平
存在生存问题的动物	城内鸽子：5200只 城市范围内的狐狸：1000只	3000只 城内数目下降
在城市范围内高大树木和果树的总数	4750只，其中大约3000在农业用地内	10000只，其中农用土地上至少5000棵

我们的行动领域

保障生物多样性 我们制订了一系列保护大自然的计划，提出了北京如何长期地保障生物多样性，以及如何有针对性地发展动植物的生存基础。我们会有选择地扶持濒危动植物物种的发展，同时制造出一个与之相符的监测工具（自然价值指数）。

增加自然保护区 我们围绕着现在还没被保护，但有保护价值的对象建立法定的保护区来保护它们。

支持果树种植 我们鼓励新老种类果树的种植，这样才能超越原有的数目。同时我们还通过照料、扶持以及采取不同的实施方式达到这一目标。

连接生活区域 我们倡导建立平面的和线性的联网结构并提升现存网络的使用价值。根据生态质量的规定，制订出了一个联网计划，并且发展实施这一计划。

提升平衡区域的价值 我们支持土地生态平衡，包括在建筑区域内进行建筑规划时也需考虑到生态的平衡。我们也会增加有深度的使用，但在生态上利用价值较少的区域也会注重其使用价值。

绿化平顶房 我们支持房顶绿化，使其在规划咨询范围内成为动植物重要的生存空间。

处理外来入侵物种 我们会制定出处理外来入侵物种的方法，并支持居民们学习正确处理的方法。

给园丁提供咨询 我们会给家庭园丁和业余园丁提供有针对性的咨询，帮助他们提升原有的水果和蔬菜种类以及本地野生植物的利用率。城市园圃被作为园林知识普及的教育中心，并提供针对目标群体的继续教育，除此之外还培育和出售原有物种。

制定法律措施 我们在指导和使用计划范围内制定符合自然和景区保护的法律措施。

环　境

　　北京很早就开始重视环境保护，因此才会有越来越好的空气质量和干净的水质，特别是 2008 年之后，空气质量有非常明显的改善。当然，目前仍然存在一些问题，主要是由微尘、臭氧和氮氧化物造成的空气负担以及对土地的过度开垦。为了继续改善我们的环境条件，建设绿树成荫的家园，我们还需要更多的努力。

绿色北京书、"绿色都市北京"结构及可持续发展之关联主题

绿色北京书		"绿色都市北京"结构	可持续性（可持续发展的监测）
主题	**页数**	产品系列和产品	基本要求
绿地和开放空间		**领悟自然/促进自然**	**社会团结**
城市环境	25	教育/体验	满足需求
公园、广场和公共用地	33	展览	支持健康发展
专用开放空间	42	物种及生活区的促进	考虑到发展的幸福
居住及工作环境	73	自然森林	**经济能力**
森林	79		符合环境要求的生产
农业	93	**自然空间和开放空间**	在环境和社会可承受范围内进行
		休养式森林	国际贸易
基本观念		公墓	**生态责任**
生物多样性	105	公园	保持自然界的生活基础
		交通绿地	保持生物多样性
环境教育		学校绿地	可再生资源的消耗制
绿色知识	151	运动场所	不可再生资源的消耗限制
		浴场	可降解垃圾和有害物质的限制
实施机构	175	粗放使用的绿地	放弃不可降解的有害物质
		农业	生态风险的最小化
		绿色空间和开放空间的规划	自然和文化景区的生存价值
		绿色空间和开放空间的建设	价值
		土地和建筑物管理	**社会团结**
		出租的土地	良好健康状态下的预期寿命
		农业租赁	精神的健康
			泛指生活的满意度
		自然产品	**经济能力**
		森林产品	环境管理体系
		圣诞树	环境相关的经济资助
		园林产品	**经济能力**
		农业产品	环境管理体系
		帮助服务	环境相关的经济资助
		咨询/监察	用于研究和发展的消耗
		支持产品	农用面积
			生物农业
		用户群体	生物产品的消费
			环境税
		教学人士	有环保标志的非食品商品的市场
		研究人士	份额
		休养人士	受噪音影响的人群
		居住人士和工作人士	土壤重金属和多环芳香烃的负荷
		租用/租赁人士	土壤密度
		与商品有关人士	流动水域的空间需求
		建筑/规划人士	微小粉尘的浓度
			物种的多样性
			使用及地表植被的多样性
			国家保护区域
			生态平衡的土地面积

现今的环境……

在北京，环境保护具有极为重大的意义。北京的发展目标为"国家首都、国际城市、文化名城、宜居城市"，关于环境及其可持续性发展的新闻报道经常强调这一点，这是民众的要求。调查显示，对于环境问题的意义，民众越来越表现出了关注，很多受访者要求在城市内加大改善环境状况的力度。特别是近期，民众表现出对 PM2.5 的强烈关注。

绿地的保护　在瑞士苏黎世，1995 年出台的管理要求《给绿地以亲近自然的保护》在保护城市绿地方面是权威和卓有成效的。这项要求的目的是为了提升生物多样性和土地价值。这项规定在植物的种植、肥料和植物防护剂的使用以及能源消耗等方面给出了要求。整个苏黎世都必须遵守这一要求，苏黎世还实施了一个环境管理体系，这一体系经过了国际标准协会 14001 号文件的认证。

2011 年 3 月，北京市园林绿化局执法监察大队正式挂牌成立，依据《北京市绿化条例》以及《北京市公园条例》开展执法工作。小到破坏花草树木、绿化设施，大到私自改变绿地性质、用途都有一定的处罚标准。如未经许可擅自改变绿地性质和用途的，责令限期改正、恢复原状，并按照改变的面积处取得该处土地使用权地价款 3～5 倍的罚款。

土壤的修护　我们在北京市市区内的不同社区花园区内，进行了关于土壤荷载程度及其原因的创新型调查，并同时估计了其风险。我们发现在个别情况下需要转换土壤的使用方法。调查显示，比较受关注的风险是由于化工厂等的搬迁，遗留的"毒地"开发成为居民区而带来的对人们健康的潜在影响。不光是有害物质和过度施肥会损害土壤的肥沃程度，此外，由重型机器和活动造成的土壤的密度改变也会影响其肥沃程度。我们在清扫积雪时洒的散盐也会给土壤增加负担。一本新的全市受荷载土地登记册显示，很多市内的土地也有严重荷载情况。我们在规划建筑时也要考虑土壤的受荷载力然后实施与之相符的措施。

城市气候和空气质量　总体来说，北京的气候属于空气对流较少的敏感性气候。树林覆盖的丘陵、碧波荡漾的湖泊、清澈奔腾的河流、建有少量建筑的高级生活区域是主要的新鲜空气的来源和通道，它们影响着北京的城市气候状况。植物就是粉尘的过滤器，发挥着显著的作用。最近几年城市内的空气质量虽然有了明显的改善，但是氮氧化物和臭氧的含量仍然很高，而且夏天经常还会超出极限值。由微尘造成的空气荷载也超出极限值。为了降低这一数值，我们必须减少至少一半的微尘量。就像动植物一样，气候的变化和城市小气候形成的温室效应也会给人类带来压力，进而影响人类的健康。不符合生物钟的、过多的人工照明同样也会对大自然生物造成消极的影响。

水资源的保持　北京土地的开垦不仅使得动植物丧失了生存空间，也对水资源起到了消极的影响。雨水无法在被开垦的土地表面下渗。这样就使得我们不得不安装下水管道，这样同时也降低了污水处理厂的污水治理效率，也使我们不得不实施保留性措施。北京水资源人均占有量在世界各国首都中排名百位之后。自20世纪70年代以来，随着人口的大量增加和经济的发展，缺水成为北京面临的严重问题之一，近几年每年缺水均在4亿立方米左右。北京是一个享有特惠权的城市，相对而言，水质较好。有密云水库、官厅水库、十三陵水库等重要的水库。为了保证地下水质量我们定期进行质量检测。近几年实施的开放河流和复兴河流的措施提升了生态价值和休闲价值。

噪音的污染　绿地和开放空间被用于不同的地方。一方面它获得了安静的给自身充电和进行思考的理想地；另一方面由于休闲场所使用过度，当地居民一直抱怨产生的噪音。噪音污染，如街道及航空交通等，都是产生压力的因素，损害居民的生活质量和健康状况，降低在绿地和空地休闲的价值。在北京地区的一切单位和个人，都必须执行国家《城市区域环境噪声标准》（GB3096－82）、《机动车辆允许噪声》（GB1495－79）和《北京市噪音管理条例》。

十年之后……

在政府和居民的共同努力下，北京将享有"绿色环保"以及"可持续发展城市"这一美誉。绿地和空地都被符合生态的组织维护起来，它们对北京的气候和空气产生了积极的影响，因为它们是新鲜空气的来源地，是空气的转换通道，通过遮荫和蒸发的方式降低空气中的热度。街道上的树木和灌木主要是发挥过滤粉尘的作用。对绿地和空地进行规划和管理是为了使其能在城市气候、土地开垦、土壤保护、水源保护和噪声消除等方面有积极的发展。有重要休闲功能的绿地和空地尽量能够做到无排放、无噪音，它的使用也必须在区域承受范围之内。

经营和管理 我们对森林和农业土地进行生态化的管理。在绿地中适度的播撒肥料和植物防护剂。如果不得不使用绿地，那么就要有选择性，并且尽量减少播撒造成的损失。在防治病虫害时首选生物方式。北京市实施的亲近自然的管理办法也可以用于城市以外的地区。

土壤 满足最初级的基本需求和食物供给的前提是保持土壤健康。其他的土壤荷载都是可以避免的。对于土地经营者最高的要求是要保持土壤的清洁和肥沃度。在环境和经济可承受的范围内能够使受荷载土壤恢复。我们要优先解决地方上的问题。由于建筑密度问题而额外开垦土地的情况很少。

光污染 "光污染"是这几年来一个新的话题；它主要是指各种光源（日光、灯光以及各种反折射光）对周围环境和人的损害。我们要越来越重视光污染，目前北京市的光数量有所下降，光质量也在不断优化，这样会更加有利于自然。

空气质量 北京支持所有改善空气质量的行动，并在排放上做出示范。目前北京实行车辆尾号限行制度，减少车辆，提倡绿色出行。

水 原则上土壤和地下水的保护这一问题得到了最高的关注度。尽可能的渗入，否则保留。路基和绿地的间接开垦一直保持着较低的水平。我们城市支持水下渗，而且由于大气水费用较低，水下渗也就显得更有吸引力了。我们在土地管理中尽可能地保护这些水源地。在生态上流动水域也可以增值，湖泊的水质继续保持。

可再生能源 根据能源总体规划的条例规定，树木和绿色植物的残渣，比如秸秆等能够提供能源。生物能源能够推动农业和林业的发展。

参考链接：以下为瑞士苏黎世的参考数据和计划

	现今的参数	10 年后的目标
森林管理	市属森林：100% 世界森林委员会 其他所有者的森林：95% 世界森林委员会 农业：100% 生态质量规定 36 家企业中的 9 家符合生物标准 家庭花园：抽取个别的管理土地	保持现有水平 100% 世界森林委员会 保持现有水平 尽可能高的生物总额 成功改变受污染土地的使用
确定符合要求的亲近自然的管理	苏黎世城市：100% 其他的城市服务机构：约 70% 私人的土地所有者：无数据显示	保持现有水平 100% 确定亲近自然的管理
亲近自然的园艺	在家庭园丁中传播	100% 亲近自然的园艺
农用土地有害物质荷载量	低，由于有生态质量规定和生物课	低，提高生物总额
开垦的土地面积	乡镇土地的 35%（无水域）以及住宅区域的 55%	避免增长
作为地基的绿地	无数据	调查数据，避免增长
受污染地区	在受污染土地登记册中有 157 个处置厂，有 1500 个疑似给工厂和垃圾场	对环境承受力和经济上必要的地方进行整顿
土壤的移动	在检查范围内，城市区域的 60%	对环境承受力和经济上必要的地方进行整顿
能源木材/碎木	苏黎世市属森林：5000 平方米 非市属森林：3000 平方米	7000 平方米 7000 平方米
街边树木	20500，有林荫计划	实施绿荫计划
河流	实施河流计划 实施中的河流保护计划	实施计划
环境意识 2003 年/2005 年大众民意调查	苏黎世最大的问题： 2003 年：4% 指出环境问题 2005 年：8% 指出环境问题 城市对环境状况做出的努力： 非常少：5% 较少：44% 刚刚好：46% 非常多：2% 不知道，没有说明：3%	降低问题的提出 增加满意度

我们的行动领域

参与保护计划　我们和北京的环境保护机构共同加大对气候的监测，参与制订一个处理被污染土壤的计划并支持流动性战略和河流计划的实施。

减少排放物　我们致力于继续减少农业和林业的排放物。

扩展保护措施　我们进行相关的教育和咨询，从而把亲近自然的保护措施扩展到私人的领域。

支持环保模式　我们支持环保的管理模式，如生物农业、森林管理以及亲近自然的园艺。我们积极为城市气候作出贡献，通过实施绿荫计划，提供绿色空间以及保证新鲜空气的源头等措施建立良好的城市气候。我们通过一系列措施实现对城市气候的贡献，比如通过林荫大道方案的实施、绿色空间计划的完成以及新鲜空气走廊方案的确保，使我们有了一个良好的城市气候。

进行教育咨询　通过咨询，我们努力保持现在较低的开垦水平，深入保持现有开垦水平或者通过下渗以及公开保留的形式取得平衡。同样我们也努力不让绿地被滥用，或者至少有足够的种植林木的土地。

开放空间的供给

我们为北京的居民以及在市内工作的人士都提供了不同程度的、开放的、多功能的开放空间。北京这所城市想要在城市所有范围内提供好的空间——如通过公园，或者专用空地的升值和开放的方式来实现。

绿色北京书、"绿色都市北京"结构及可持续发展之主题关联

绿色北京书		"绿色都市北京"结构	可持续性（可持续发展的监测）
主题	页数	产品系列和产品	基本要求
绿地和开放空间		**自然空间和开放空间**	**社会团结**
公园、广场和公共用地	33	绿地和开放空间的规划	满足需求
专用开放空间	42	绿地和开放空间的规划建设	满意度和幸福指数
公墓	47		考虑到发展的幸福
住宅花园和休闲花园	50	**帮助服务**	**生态责任**
运动设施和水上乐园	53	咨询/监察	未知状态下的管理
游乐场和学校	56	支持产品	自然和文化景区的生存价值
居住及工作环境	73		指标
森林	79	**用户群体**	**社会团结**
农业	93	休闲人士	精神的健康
实施机构	175	居住人士和工作人士	泛指生活的满意度
		建筑/规划人士	树立形象的环境
			对居住环境的满意度
			住环境周围的休养服务
			经济能力
			工作满意度
			生态责任
			泛指和人均的居住面积
			利用率
			被排除的建筑区域
			国家保护区

现今的开放空间的供给……

北京实行积极的人性化的开放空间规划：给在这里居住和工作的人们提供步行就能到达的公共场所，以此来满足市民的日常生活以及在市区休闲的需求。这一目标现在还没有达到，现在只能够满足约三分之二的居住者、一半工作者的需求。

供应水平的分析　一个地区的供应水平是根据居民的需求和休闲场所的服务来计算的，然后得出一个量的结果。如果一个区域有在方圆8平方米范围内，附近居民步行15分钟就能够到达的开放空间，而且它能够提供多功能的休闲项目，或者有与之相当面积的其他休闲场所，且有适合休闲的条件，比如学习场所等，那么这时供应率就达到了100%。工作者和学习者的计划标准值是每人5平方米。到2015年，北京市森林面积增加5万公顷，城市绿地增加4500公顷，森林覆盖率、林木绿化率和城市绿化覆盖率均比"十一五"期末提高3个百分点，分别达到40%、56%和48%，公共绿地500米半径居住区覆盖率达到80%，人均绿地面积保持在50平方米，人均公共绿地面积达到16平方米。

不同的适用人群有不同的要求。如休闲场所对于工作者和学习者来说，主要在中午的时间发挥重要的作用。相反居住者则是一整天分散的使用休闲场所，周末也是这样。少量的活动人群，如老年人和带孩子的家庭，只有当休闲场所在附近，且很容易到达的情况下才会去使用它。

供应水平被分成了四个类别，评定结果如下：

供应水平：	评价：
超过75%	好
50%~75%	够
25%~50%	不够
25%以下	差

北京城市休闲场所分析模式的资料还有待提供计算的更详细信息。

区域间的巨大差异　由于历史原因以及现在的区域类型的不同，以及在提供方式上的差别，各个区域供应休闲场所的水平都有很大的不同。一般在湖泊、森林和开阔景区附近区域供应良好，而在城市内密集的混杂居住地，则无法达到5~8平方米的水平，在根本没有公共活动地的居住地也是如此。

但是那些通常有足够大面积居住环境的地区能够达到一定的平衡。

建筑密度 建筑密度使得私人和半开放式空间遭受到明显的压力。大众的供应水平面临着双向恶化的局面：由于不断增加的建筑使得休闲空间越来越小，同时由于人口的增加，人们对于休闲空间的需求越来越大。尤其是在只有很少公共场所，同时私人和半公开式活动场所都比较少的区域，供应状况尤其有问题。总体上北京的人口数量进入"十一五"后增长迅猛，每年增加52万人。"十二五"期间，这个增速和趋势不会减缓。2020年后，外来人口的增长将出现变化，人口增长会出现拐点，会趋于平稳和缓慢增长。到那时，人口老龄化问题又会随之加剧，预计将有20％的人口是60岁以上的老年人。人口的增加和年龄结构的变化对于休闲空间和建筑密度提出了新的要求。

升值的可能 休闲场所的供应不足的问题可以有很多种方式加以解决。大多数现在供应不足的地区都基本没有建新公园的地方了；但是能够通过增加利用价值和开设专用的休闲场所的方式加以改善，如学习和运动场所。更多的游戏场所设在我们所说的开发区，那里的休闲场所要满足未来住户的要求。提早参与开放空间的规划，如在合适的地区建立新的公园，就能够确保其完成。休闲场所的交通便利，并且能够很好的和居住地联系在一起，这样能够提高居住者和工作者的生活质量。我们采取各种交通设施使得更多的人能更好地、更便捷地到达休闲场所。

十年之后……

居民、工作者、学习者特别是大学生把北京看做一个充满吸引力的居住和工作的城市。北京每个居住区域都有户外休闲的地方，少数的流动人口也能便捷地到达休闲地。总体上休闲场所供应水平良好，使得工作者在中午休息的短时间内到达的休闲场所至少够用。已经确定的计划标准值是，每个居民和工作者有 5～8 平方米的多功能公共休闲场所。比较充裕的周边居住环境可以发挥补偿作用。确保场地供应是基础，只有这样才能保证较高的使用和建设质量。

有休闲潜力的开放空间网络　除了公园、森林和公共景区以外，专用的空地也可以用来作为公共休闲场所。这些地方都在一个密织的、安全的步行路线交通网络内，并相互联系。

建筑密度　当涉及建筑密度时，我们会专业评估出人们对于足够的休闲空间以及充分利用这些空间的要求水平，在持续性和生活质量方面我们会考虑相应的优先。

参考链接：以下为瑞士苏黎世的参考数据和计划

	现今的参数	10 年后的目标
多功能公共休闲场所的计划标准值	每个居民 8 平方米休闲场地 每个工作场所 5 平方米休闲场地	达到标准值
居民的计划标准值的比较	苏黎世： 8 平方米：400 米内的休闲场地，其中包括专用休闲场所 德国城市议会的推荐： 13 平方米：1000 米内的公园，不包括专用休闲场所的使用，尤其在柏林和汉堡 慕尼黑： 25 平方米：2000 米内的休闲场地，不包括专用休闲场地 10 平方米：500 米内的公园	达到标准值
居民的供应水平 2004 年居民状况	供应水平好：52% 供应水平够：14% 供应水平不够：21% 供应水平差：13%	保持现有水平 尽量改善现有水平 改善现有水平 强制改善现有水平
工作者、学习者和大学生的供应水平 2001 年工作者的状况	供应水平好：43% 供应水平够：13% 供应水平不够：23% 供应水平差：21%	保持现有水平 尽量改善现有水平 改善现有水平 强制改善现有水平
估计价值 2003 年居民调查 2005 年苏黎世作用对照表	公共绿地（公园、森林、农业） 重要性：5.33 分（最多 6 分） 满意度：4.98 分（最多 6 分） 在居住区的绿地数量： 重要性：5.2 分（最多 6 分） 满意度：4.3 分（最多 6 分）	满意度适合重要性
与休养相关的休闲空间 2005 年状况	52 公顷上级休闲场地（如湖泊和公有地） 114 公顷区域休闲场地 434 公顷专用休闲场地 44 公顷线性休闲场地（绿化带和河岸） 803 公顷公共景区 （2230 公顷的森林中有 1084 公顷的森林边缘也被计算在其中）	保持供应，提高供应不足地区的供应水平
休闲场所的可到达度和连接	情况不同，知道相应困难	改善状况，降低困难
自然和遗产保护法，第二条 区域建设法规 2003 年状况修订	苏黎世的状况：大约每个居民 43 平方米的休闲场地（不包括森林）	自然和文化保护的规定指标：45 平方米

我们的行动领域

改善场地供应　我们优先改善休闲场地供应差和不足的地区。根据现实情况，建设新的公园，或者提升专用公共休闲场所作为休闲场地的价值，如家庭花园和运动场所。通过合作计划，根据需求对社区领域进行合法的公共利用。

建筑密度的达标　我们建议建筑密度要达到这一目标，也就是说，社区领域取得尽可能高的休闲质量，尤其是只有少量公共休闲场地的居住区域。

使用计划标准值　在合格的程序内开展发展项目时，尽力实现每位居民 8 平方米，每位工作者 5 平方米多功能公共休闲场地这一计划标准值。

提高交通便捷性　我们支持以步行代替机动车辆到达休闲场所的形式，提升自然交通的便捷性。优先完成填补空白、清除障碍和开放不透明的领域。

对供应进行分析　我们定期对供应进行分析并提取有效部分。我们按照地区进行预测分析，以此对未来的休闲场地供应产生积极的影响。

开放空间的利用

多样的绿地和休闲场地，构成了生机勃勃的今日北京。这提供了不同的活动和休闲的可能性，在户外举行活动也很受欢迎。因为场地有限，迫使人们采取新的方式来缓解紧张生活，并且适应基础设施。在使用绿地和休闲场地时，我们必须要做到人与自然互相尊重才能共存。

绿色北京书、"绿色都市北京"结构及可持续发展之主题关联

绿色北京书		"绿色都市北京"结构	可持续性(可持续发展的监测)
主题	**页数**	产品系列和产品	基本要求
绿色和开放空间		**领悟自然,促进自然**	**社会凝聚力**
城市环境	25	教育和体验	个人自由的界限
公园、广场及公共用地	33	自然森林	满足需求
专用开放空间	42		健康支持
居住及工作环境	73	**自然空间和开放空间**	满意度和幸福指数
森林	79	休闲式森林	考虑到发展的幸福
农业	93	公墓	跨文化和个人之间的相互
		公园	理解
基本观念		交通绿地	社会和政治参与
开放空间的供给	121	学校绿地	符合儿童要求的环境
开放空间的规划及园林文化		运动场地	**生态责任**
	133	浴场	自然和文化景区的生存价值
参与和合作	141	粗放式绿地	指标
		农业	
环境教育		绿地自由场所的规划	**社会凝聚力**
绿色知识	151	绿色空间和开放空间的规划	良好健康状态下的预计寿命
多汁植物的采集	162	建设	心理舒适度
城市花园	165		健康相关的行为,身体的
自然体验公园	168	**帮助服务**	运动
		咨询/监察	泛指生活的满意度
实施机构	175	其他机关的服务	认同度深的周围环境
		支持产品	对居住环境的满意度
			居住环境内的休养服务
		用户群体	参与地方发展的可能性
		教学人员	**生态责任**
		研究人员	农用土地
		休闲人士	受噪声影响的人群
		居住人士和工作人士	土壤密度
		运动人士	流动水域的空间需求
		租用/租赁人员	景观多样性以及自然景观
		建筑/规划人士	使用和土壤覆盖的多样性
			国家保护区

现今的开放空间的利用……

　　闲暇时间和休闲对于北京的居民来说很重要：它们深深地影响着我们生活的质量。北京人对自己的业余时间相对来说还比较满意。最受欢迎的业余活动是散步、徒步旅行和体育锻炼。业余时间的重要性还在增加，这首先是由于不断增长的预期寿命。人们对休闲的形式提出了自己的要求，与之相符的是对能够提供合适服务的自由场地的要求。吸引人的多功能活动公园以及游戏和运动场地就像宁静的世外桃源一样备受欢迎。北京市民们充分利用了公共绿地给予的服务，大部分居民每星期会多次走进户外。

　　追求健康成为大势所趋　　现在的日常生活使得人们运动太少，这是前所未有的，亚健康状况困扰着人们。一部分居民通过运动的形式增强了自己的体质，而越来越多的人则缺乏运动。缺乏运动和不合理的饮食习惯共同造成现在的体重超重以及其他的健康问题。大量的绿地和空地以供大家进行户外运动，这些绿地和空地包括森林里和河岸边吸引人的步行道路、运动场所和学校场地等。

　　不同的使用要求造成竞争　　在有限的面积内，众多的需求不断的引起了使用的纷争，这不仅反映在绿地和自由场所，也反映在水面上。发生在养狗的人，以及骑自行车的人之间的冲突，是一个经常被提起的问题。因此多功能的休闲场地变得越来越重要。这些地方能快速满足业余活动团体的现实需求。

　　举行活动增加了使用压力　　把绿地、空地和湖泊作为公共和商业活动场地的需求在最近几年大幅增加。因此过度使用场所的问题不断增加。各种类型的大型活动吸引了成千上万的游客来到北京，虽然如此，市民们却大多赞成这些活动，比如说2008年北京奥运会。对于湖泊流域的居民来说，尤其在旺季马上结束的时候，游客数量往往会达到极限。

　　不断减少垃圾和破坏　　伴随着土地使用压力的是乱抛垃圾和对环境任意的破坏。北京垃圾清除和再利用机构过去几年加强清洁的措施现在发挥了重要作用。2005年的民意调查显示，近年来，垃圾、粪便和乱写乱画的情况在城市问题中越来越少，只有7%的人认为洁净问题是最重要的问题。北京市政机构负责清扫森林和保护农业用地。

　　在公共活动场所的安全　　近年来人们的安全意识开始提高。大部分人觉得晚上独自在自己家附近走路是安全的。这一数值对于地域则差异性不大，但根据被访者的年纪和性别则存在明显的差异，随着年纪的增长，这种不安全的感觉也不断增长。有三分之一的女士因为晚上不安全或是出于安全考虑不再出门，而相比之下，只有12%的男士有这种不安全的感觉。

对基础设施的需求　人们对于休闲场所的基础设施的需求不断增加，如餐饮设施和卫生间。同样增长的还有对休闲场所设备的需求，如游戏和运动器材以及座位优化。对于更加时尚的运动设施，如自行车道等不同的愿望无法一一被满足。

十年之后……

北京给所有在城区的市民们提供广泛的、平衡的、易到达的并拥有高使用质量的自由场所。这些自由场所首先能够被广泛的、公开的、多方面的利用。完全或部分限制对公众开放的专用设施也必须要能够满足特殊的需求。符合潮流的、变化很快的业余活动可以在有限的时间内得以满足，供人们临时使用。

健康的需求供应　多种多样的、足够的供应能够满足居民不同的休闲需求：从热闹的大众娱乐到安静的自然体验。开放空间在健康和安全的环境下，把身体运动和日常生活统一起来。在城市中，在日常生活中步行或骑自行车都是对健康有利的。居民在这些场合中是安全的。一个适合需求的、得以很好维持的基础设施，能够提高深度利用的休闲场所的使用质量，包括在森林中也是这样。河岸也能扩展为作为休闲使用。基本上多功能公共休闲场所都是免费提供给使用者的，而且尽可能不限制人们进入。

生机勃勃的北京　通过多种多样的活动，北京成为了一个生机勃勃的、吸引人的城市。我们也欢迎市民进行相应的自主创新。在批准活动和个人使用时，基本上公共的利益优先于个人利益。必须经过批准的活动才可以举行，举行活动和商业用途的缘由必须在这个区域的承受范围之内，符合当地的特点并提高当地价值。如果是因为商业用途，使用到湖泊区域时，必须符合公共利益，而且既不能损害城市市容也不能影响居民公共休闲。可以表明，在市区范围内无法被满足的需求可以在市区范围外寻求满足，新的活动场所可以满足更多的需求。

互相尊重、共同使用　业余活动的服务基本上是针对所有市民阶层的。但首先是要满足小孩、年轻人和年长者的需求。我们可以提前预测出使用冲突和过度使用的风险，并且这种风险可以通过参与进程和有针对性的、部门之间相互合作的方式得以缓解。这时就需要共存和相互接受：使用有针对性的业余活动设施也可以检验出分散使用的可能性有多大。我们必须尊重自然以及其他使用人群。因此乱扔垃圾的不负责任的行为必须要受到谴责，这样休闲者和养狗人之间的冲突也就化解了。

参考链接：以下为瑞士苏黎世的参考数据和计划

	现在的认识值	10 年目标
公共绿地的意义 2003 年民意调查	公园、森林和农业： 重要性：5.33 分（最多 6 分） 满意度：4.98 分（最多 6 分）	满意度符合重要性
业余活动 2005 年民意调查	常见业余活动的分配： 1. 散步和徒步旅行：65% 至少一周一次 2. 自己的主动进行运动：59% 至少一周一次	保持好的活动
总的公共绿地服务的使用宽度 2005 年民意调查	广泛的使用：40% 有选择的使用：43% 个人的特殊使用：10% 一般没有或很少使用：7%	保持广泛的利用
绿地对于健康的帮助性影响	现存数据很少	有基本数据，制订计划
安全 2005 年民意调查	大约三分之一觉得晚上一个人很安全，40% 认为比较安全 20% 认为比较或者很不安全 8% 晚上不出门 女士，尤其是年长的女士，相比于男士本质上感觉更不安全 1999 年以来人们的安全感增加	高的安全感，尤其在女士当中
洁净度/垃圾 2005 年民意调查	问题的提出垃圾/粪便： 2001 年以来明显下降 只有 7% 的人认为这是主要问题	保持低数值
需求的增加 研究工作，合格的程序、个别访问	需求的好的认识	
绿地和空地的使用冲突	有与项目相关的基本数据	现存的数据，减少及缓解冲突
有苏黎世城市维护的基础设施和装备	约 4000 个座椅 超过 660 个游戏工具和儿童游戏广场 在学校区域/儿童花园有约 1470 个游戏工具	适应需求，保持良好状态
缘由和活动 2004 年苏黎世举行的大型活动	来访者/垃圾数量： 苏黎世节大约 180 万：240 吨 街道游行将近 100 万：100 吨 剧院戏剧：超过 100000 苏黎世马拉松：80000 自由式：约 50000	在居住地承受范围内实施苏黎世城市活动战略
已获注册的家犬	7800 只	缓解冲突

我们的行动领域

可利用性　我们需要快速改善休闲场所的可利用性，使得休闲场所更加适应需求，同时顾及设计和文化方面，以及当地对动物和植物的要求。原则上我们追求共存。我们在考虑到土地和居住地承受能力的条件下调节使用强度，尤其是在湖泊的岸边和河流区域。

查明需求　我们通过参与进程和合理调研，得出在开放空间内活动的人们的不同需求。

解决冲突　我们提前识别冲突并高水平的、创新的、在管理内部协作解决。

城市宠物　我们制订出并实施一个广泛的、基本的解决方案来进行专业的狗饲养。

乱抛垃圾　我们支持北京垃圾清除和再利用机构，针对深度利用的绿地和开放空间的垃圾问题的处理方法。

灵活使用　如果需求合理，我们会灵活的满足时尚运动者和年轻人的要求。我们支持有期限的和有针对性的临时使用开放空间，并且支持设备进行可逆性利用。

支持健康　我们鼓励人们在大自然里进行休闲性的、健康安全的运动。

实施许可　我们实施一个符合顾客需求的，与开放空间和现存使用规划相符合的执业许可。在举行大型活动时，我们要列出用以保护绿地的必要条件。

区域合作　我们改善地区的休闲服务，并且支持互相间的凝聚和合作。在城区内无法满足的需求可以在临近的乡镇寻找解决办法。

开放空间的规划及园林文化

在北京，人们既能够找到当代高质量设计的开放空间，也能找到很多有重要历史意义的园林文物。这些设施，不管是新建的还是历史的，很多都属于私人——可见民众对于设计良好的公共休闲场所的敏感度特别高。

园林绿化是一个城市的底色与名片，是唯一有生命力的基础设施。北京园林绿化工作将贯彻"营绿增汇、扩绿添彩、亲绿惠民、固绿强基"的理念，大力实施"生态园林、科技园林、人文园林"行动计划，努力把北京建设成具有国际影响力的园林文化名城、绿色低碳典范和生态宜居城市。

绿色北京书、"绿色都市北京"结构及可持续发展之主题关联

绿色北京书		"绿色都市北京"结构	可持续性（可持续发展的监测）
主题	页数	产品系列和产品	基本要求
绿色和开放空间		**领悟自然，促进自然**	**社会凝聚力**
城市环境	25	教育和体验	考虑到发展的幸福指数
公园、广场和公共用地	33	自然森林	社会和政治参与
专用开放空间	42		符合儿童要求的环境
居住及工作环境	73	**自然空间和开放空间**	
		休闲性森林	**生态责任**
基本观念		公墓	自然和文化景区的生存价值
开放空间的利用	126	公园/绿化实施	
参与和合作	141	交通绿地	指标
		学校绿地	
环境教育		运动场地	**社会凝聚力**
绿色知识	151	浴场	泛指生活的满意度
交流方式	156	绿色空间和开放空间的规划	树立形象的环境
		绿色空间和开放空间的建设	对居住环境的满意度
实施机构	175		居住环境内的休闲服务
		帮助服务	参与当地发展的可能性
		咨询/监管	
		其他机关的服务	**生态责任**
		其他人的服务	景区多样性以及景区景色
			使用和植被覆盖的多样性
		支持产品	生态平衡的土地
		用户群体	
		居住人士和工作人士	
		建筑/规划人士	

现今的开放空间的规划及园林文化……

绝大多数的北京居民生活在城市和人口密集的地区。居住地不断增长的人口密度增加了对高质量开放空间的需求。同时人们对于环境的要求也增加了，这一点就体现在建设工程时，居民要求参与发表意见的需求不断增加。

开放空间作为记录工具 我们建设的开放空间—不管是历史上的还是当代的—都记录了自然和文化史的发展，影响了一个地方的区域文化，并使其成为不可替代的地方。北京有很多历史悠久的园林文物，使我们意识到了它们作为时间工具的意义。由于历史原因，北京失去了一些文物建筑，但当北京意识到这方面工作的重要性时，对很多园林文物进行了特殊保护。国际机构对于北京新公园以及园林文物维护成果的称赞，正是证实了我们在高质量的当代设计中取得的成果。

园林文物的重视和保护 当进行必要的修葺和扩建时，公共所属的、历史性的开放空间—其中包括很多公园—由北京城市市政来维护。我们在对它们进行长期、有针对性的质量维护时，都有专家关于花园纪念碑维护的意见。很多园林运营者没有意识到园林的价值，只有在想要增加建筑时，他们才注意到损害已经发生。密度过大的建设对园林造成了很大的压力，在某些情况下金钱比园林设计更具吸引力，因而有些损害不可避免，这使得它们只有很少是被完整的保护着的。北京致力于保护最重要的园林文物并使其得到重视。

建设质量得到专业保证 当建设市属的开放空间时，如学校、运动场所、广场、养老院和医院等，北京的参考意见多数都是有权威的。要保证新的城市自由场地的质量以及提升现存场所的价值，可以通过合格的程序获取专业人士的帮助。近几年建设的、位于公园和河岸边的设施，价值得到了提升，体现了当代设计的水平。这一点也受到了国内外权威专家对于示范性建设工程的赞扬。

对社区园林领域影响有限 在对建筑进行许可的过程中，北京只发挥咨询作用，在有序的进程范围内，城市对于居住和工作环境内私人空间设计的影响是有限的。相反在特殊用途和清单所列对象上，城市的作用已经得到了确认。对于有城市建设意义的社区建筑，北京鼓励要求外部的环境专家参与评审。

园林文化的多样化传播 北京努力传播当代和历史建筑的设计知识。采

用有效的、尤其在年长者中受欢迎的指南和展览的形式。分发的指南、在网上提供的信息以及小册子等出版物都很受欢迎。这种方式只能影响对此感兴趣的人们。个别的场所大多数都是针对本市市民在全城范围内或整个景区，没有在更高的范围内。尽管有些新园林在专业范围内得到了国家的重视，但是其中只有很少是被北京之外的人所熟知的。尽管他们的质量已经经过专业认可，但是到现在还没有发挥旅游标志的作用。

十年之后……

北京的绿地和开放空间的高建设质量都将给国内和国际树立一个标准。城市设施，如果可能的话还有社区建筑，都会因为其卓越的、时尚的建筑风格而受到赞誉。我们要建设合格的、可持续发展的开放空间，用以适合使用者的需求。在进行规划时，要考虑到残疾人、年迈者和儿童有与其他人相同权利的需求。休闲场所的设计跟各个地方的历史和文化特征相关，跟城市现有建设密切相关，并且给人们继续发展留下使用空间。

艺术和文化　有高设计价值的绿地和自由场所给公共场所的艺术提供了基础，这些艺术的风格都是很明显的。艺术和空间设计的交换关系是文化之城北京的一个丰富的、有意义的组成部分。具有历史意义的开放空间场所里的文化遗产是受保护的。我们会保护并有针对性发展园林设计中最有价值的部分。

高度的评价　广义上而言，在城市风景、历史、设计以及生活空间中，园林文化的意义都得到确定。他们是免费或在指导下开放，园林文化是北京城市历史和发展的一个生动的组成部分。

城市的形象　历史的和当代建设的自由活动空间树立了北京的形象，这种光芒甚至超出了边界，这是它们对于来访者的最大的吸引之处。包括北京旅游业和城市商业也用绿地和开放空间来做广告。

参考链接：以下为瑞士苏黎世的参考数据和计划

	现今的参数	10 年后的目标
有保护价值的园林和场所的清单（园林文物保护对象）	850 个对象，其中： 约 560 个私人所属 155 个由苏黎世城市维持，其中包括： 6 个泳池 44 学校场地 14 个公墓 清单中列举的对象，850 个中有 128 个受到正式的保护，这其中的 90% 都是私有	在编中最有价值的对象—城市的或私人的—被保持并完好的保存
特殊财产清单	泳池清单 学校清单 基督教堂清单（使用中）	
维护机构、专家意见	82 个，其中： 17 个用于学校 5 个用于公墓 22 个用于私人别墅花园 19 个用于城市和公共场地 15 个用于其他	用于所有新的公园 用于所有的城市保护对象 用于最有价值的私人保护对象
苏黎世城新的高质量和可提升价值的对象	有各种不同的称赞	有示范性的高建设质量在国际上得到认可
尽管密度过大但是仍有维护价值的私人园林文物对象的总数	无现存数据	提取数据，保持高的份额
通过苏黎世对城市和私人建筑计划进行的咨询	无现存数据	提高影响，确保好的建设质量，建立报道
城市或私人开放空间在建设质量上的处理方法	无现存数据	用于所有重要的城市对象，用于园林文物维护在编的、有序的、得到建筑许可行为的私人领地，用于所有在特殊建筑规章内的开放空间场所

	现今的参数	10 年后的目标
城市市容和公共场所的建设	25 种园林文物保护出版物（书、说明书） 大约 20 个每年的园林文物保护指南 大约 20 个每年新的场所的指南	确定对于开放空间中高质量的尊重 提高有价值的领土内的指南的数量
公共城市空间	有 2010 年城市空间战略	实施战略和措施

我们的行动领域

园林文物的维护 我们坚定不移地维护最重要的园林文物，并且在使用中保持其完整全面。我们要积极接受专家的建议，对园林文物进行有针对性的维护。

设计的敏感性 我们将提高所有者和计划者对于开放空间设计质量的敏感度，并且向其指明其在历史、建筑设计和城市建设方面的意义。我们一方面通过质量审理程序，另一方面通过有针对性的指导来保证城市和私人开放空间的高质量设计。

对于私人的咨询 对不动产所有者和计划者，我们提供设计和规划发展等方面的广泛而专业的咨询。在编的且具有历史意义的园林文物，可以在我们这里得到专业的管理和维护支持。

传播给孩子和青年人 我们以适合的方式制订出使孩子和年轻人感兴趣的知识传播计划。孩子们以游戏和引人入胜的方式接受园林文化。

公共工作 在北京，我们提供给大众当代和历史的开放空间，以及它们表现出来的相关知识，我们积极和北京旅游业开展合作，并与各自的设计者一起寻求国际上设计的示范性，并争取赢得更多的赞誉。

建立网络 我们将建立一个中国园林文化的网络系统。

参与和合作

我们能推动绿地和开放空间保持这种可持续发展吗？对于一个建立了固定项目的计划，涉及者的参与是一个非常重要的准则。在北京将有一个集多种科学为一体的研究机构，它将针对下一年开放空间的重要任务做共同研究。

绿色北京书、"绿色都市北京"结构及可持续发展之关联主题

绿色北京书		"绿色都市北京"结构	可持续性（可持续发展的监测）
主题	页数	产品系列和产品	基本要求

"绿色都市北京"结构

产品系列和产品

领悟自然，促进自然
教育和体验
自然森林

自然空间和开放空间
休闲性森林
墓地
公园/绿化实施
交通绿地
学校绿地
运动场地
浴场
绿色空间和开放空间的规划
绿色空间和开放空间的规划
建设

帮助服务
咨询/监管
其他机关的服务
其他人的服务

支持产品

用户群体

居住人士和工作人士
建筑/规划人士
热爱运动人士
出租/租用人士
建筑/规划人士

可持续性（可持续发展的监测）

基本要求

社会凝聚力
满足需求
健康支持
考虑到发展的幸福
跨文化和个人之间的相互理解
社会和政治参与
符合儿童要求的环境

经济能力
符合环境要求的生产

生态责任
保持自然界的生活基础
保持生物多样性
可再生资源的消耗限制
不可再生资源的消耗限制
可降解垃圾和有害物质的限制
放弃不可降解的有害物质
生态风险的最小化
自然和文化景区的生存价值

价值

社会凝聚力
心理健康
泛指生活的满意度
个人促成的周边环境
住宅区域的休闲建议
自愿的工作
参与当地发展的可能性

经济能力
用于研究和发展的消耗

生态责任
土地经济的使用区域
环保地区的经济
环保产品的消费
绿化植被的多样化
使用和土地覆盖的多样化
国家保护区域
生态平衡的土地面积

现今的参与合作……

目前北京人口聚集区的绿地和开放空间基本能满足人们的需求。随着人口及使用频率的逐渐增加，使得人们对公共场所的要求也变得多样化。作为使用者的公众团体和民众，其参与绿化及开放空间的设计与建设的行动，可以对城市的发展给予支持，并使其要求得以满足，这一方案在项目早期就已被考虑并列入计划中。通过参与也使得公众的责任心逐渐增强，这在与越来越密集的绿化及开放空间的相处中也会更加和谐。北京政府预计，这些计划和项目将在共同参与合作的基础上完成。

在参与与合作的这一章节，我们将参考**"绿色都市苏黎世"**的做法：

合作的经验 **"绿色都市苏黎世"**收集了非常多的合作经验，例如居住区域的完善。在过去的几年当中也经常策划一些大型的开放空间建设项目，并部署了可行性战略。

机会，但也是风险 开放式计划工程的经验展示了这是一个巨大的机会，但同时也带来了风险。对于民众来说，参与的意愿非常的强烈，但有时候对共识的标准却不一致。某些个人利益可能会阻止计划进程或者是影响问题的解决。但是合作的工程仍然会继续，因为长期以来一个公共场地的成功发展不仅仅取决于设计，也取决于中间的过程。

跨学科的合作 传统的单一部门独自规划操作的方式已经不再可行。人口聚集区的逐渐增多使得人们对开放空间的需求越来越高。需求数量的增加以及要求的复杂性需要更为全面的解决方式。项目出资人给出了一个相应的好方法，不管在风景发展的构想中还是在关于社区的项目范围内，跨学科合作都变得非常积极，特别对于有很多区域参与的自然公园是非常有用的。一个有系统的、共同合作的计划不能缺少那些对于风景有负面作用的提示部分。

不同的合作关系 **"绿色都市苏黎世"**通过不同的合作伙伴，像森林、土地承包者、建筑投资者、学术和研究机构、野营协会以及社区邻居等，共同来维护了一个非常庞大的网状分支。许多不同的、在城市的绿化空间积极活动的组织，代表了约有10000名会员。另外的合作伙伴是环境组织、动物保护组织、动物园和政府中某些的特殊委员会。另外对于**"绿色都市苏黎世"**的合作关系来讲，志愿者工作也是其工作的一部分。

获得成功的合作 **"绿色都市苏黎世"**和所有这类的合作组织一起，为了城市风景的绿化和自然而工作。土地承包者、投资者与环境组织等共同参与了公园等项目。环境组织建议市政府关注自然和开放空间，并且关注野生公园的狩猎行为。有些环境组织有提供公开的绿化空间的任务，并提交了与**"绿色都市苏黎世"**一起合作且正在进行的项目。它们为了参与苏黎世的生活空间的讨论并代表它的成员利益而逐步发展自身。

　　信任和承诺　在公开的计划过程中，无论什么合作伙伴的组合，必须遵守的基本规则：应当相互信任并承诺已经准备好解决不同的请求，这时才有可能成功。这里再次以积极公开的联系为前提。

十年之后……

北京的开放空间计划已经完成并且成效显著。伴随着公开的、有建设性的姿态，**"绿色都市北京"**对于所有相关的城市发展过程是一个完全合格的规划合作伙伴。

私人投资者按照要求从**"绿色都市北京"**获得关于开放空间的咨询。在规划过程中，合作者的关注也会较早的与**"绿色都市北京"**相关联。风景、自然和休闲空间的计划在北京这个大型的空间里面安置下来。在公平的利益权衡下，切实获得了不同的关于空间发展的计划。对于即将到来的下一代，规划中的游乐场所已经获得批准。

总体发展的价值评估这些计划都是按照要求来制订并且都得到了支持，而且这些决定都是透明的，并且根据规定得出的。对于使用过程中产生的冲突，按照共存的优先级来解决。民众已经认识到绿化区域是一种有限资源，对于公共财产的处理已经作为责任来办理。共同利益相匹配的观念和项目的合作发展目前已经作为一种常规标准，目的将不断被审核、更新和实施。

与伙伴之间的战略合作和伙伴之间的协同工作是多样化的，并且两边要兴趣相投。绿化的性能设定对于在这个城市工作或者来这个城市参观的人们来说放在第一位。

在瑞士，环境组织、委员会和项目合作人的共同合作都是专业性并且有建设性的。**"绿色都市苏黎世"**在这个巨大的空间里将进行研究课题，不但提供给学术和研究机构，并且还提供一个绿化空间，建立一个多样化含义并具有 GIS 文件和绿化的"绿色实验室"。如果是重要并且创新的项目，还会得到资金上的援助。

各类组织、协会、乡村和森林的承包者的良好合作都是目标明确并且可行的，他们对提高经济增长将给予支持。志愿者工作也已经在许多的活动当中建立起来，并且受到提倡。**"绿色都市北京"**也会参与利益组织，北京旅游和环境要求就把北京的绿化作为重点。

网络维护随时更新根据使用目标进行选择并且受到随时监督进而选择的合作网络是随时更新的。

以下为瑞士苏黎世的参考表格：

	现今的参数	10 年后的目标
通过"**绿色都市苏黎世**"参与到城市的空间发展计划	持续的协会化，在所有升值和发展区域	早期的，所有自由空间计划
社区对立的自由空间计划	项目设计 LEK，WEP，NEP	大规模的协会化
合作过程的参与通过有计划的和"**绿色都市苏黎世**"的项目	高度的参与	高度的参与，高质量，参与 STEZ 关注
参与项目和高效监督的转换目标	没有系统的总结	系统地总结，高效作用
投资方的咨询	没有数据	有效地咨询，建筑商对于自然和自由空间有意识
合作的网络	多面化的网络	网络运行，战略伙伴捆绑
PPP 项目	没有数据	高度参与，绿化面积的高质量

我们的行动领域

协调合作　我们通过完整的合作过程，在公开的自由空间里面发展合适的项目。我们经常处理各种问题，比如解决目的的冲突，或者满足不断变化的使用的要求。精确的条件范围，比如能力和决定的过程是大家所熟悉的。

保持联系　我们和所有相关者都保持着联系。

分析措施　我们分析了进行共同工作所采取的措施并且将其优化。

参与审查　我们将公开参与审查，或者展示发展合作的相互关系，使得共同的经济成果能够得到支持。

关注规划　我们关注早期所有对我们来讲重要的城市发展规划，包括大型私人的投资计划。

共同工作　我们要求得到和我们的邻居关于开放空间、风景的跨区域的合作，以及城市规划和环境法中的关于这些任务的支持。

发展伙伴　我们持续发展我们建立的网络，为了吸引有着相同目标，特别是有相同建筑品位的战略伙伴。

公众－个人　我们通过公众－个人合作项目寻找对立运用的合作，并且提高绿化区域质量的影响范围。

绿色北京

环境教育

现今的绿色知识

现今的交流方式

现今的自然学校

现今多汁植物的收集

现今的城市花园

现今的自然体验公园

现今自然产品和维护

绿色知识

　　通过社会发展所带来的学习经验，获得了对于如何保持持久发展的重要性知识。在来自于**"绿色都市北京"**的绿色知识的中心，有一些活跃的思想和流行的知识在交流，如：关于生物多样性的意识、对于绿化和健康的注意、自然绿色区域的养护、持续发展的设计能力。**"绿色都市北京"**将学习的地点转化到自然学校、自然公园、城市花园和丰富多彩的展示中来。

绿色北京书、"绿色都市北京"结构及可持续发展之关联主题

绿色北京书		"绿色都市北京"结构	可持续性（可持续发展的监测）
主题	**页数**	**产品系列和产品**	**基本要求**
绿化和自由空间		**领悟自然，促进自然**	**社会团结**
公园，广场和公共用地	33	教育和体验	健康要求
专用开放空间	42	展览	满意度和幸福度
居住及工作环境	73	野生动物	内部文化和民众的理解
森林	79	野生/鸟类保护	人文发展
农业	93	种类/生存空间要求	学习能力的要求
		自然森林	儿童保障
基本观念		**自然/开放空间**	**经济能力**
生物多样性	105	休闲森林	研究要求
环境	113	乡村经济	环境保护产品
开放空间的利用	126		
开放空间的规划及园林文化		**服务**	**生态责任**
	133	咨询/监督	自然生活基础的保障
参与和合作	141	**客户组**	生物多样化的保障
			生物学比较
实施机构	175	教育/学习	自然和文化的生活价值
		研究人士	
		寻找休闲人士	**指标**
		住宅/工作	
			社会团结
			生活对于健康的期待
			重大的健康行为，肉体的活力
			已经形成的周围环境
			自愿的工作
			经济能力
			研究和发展费用
			生态责任
			环保区域的经济
			环保产品的消费
			在市场上带有标签的素食
			重金属和土地 PAK 负担
			种类多样化
			国家保护区
			生物学的比较区域

现今的绿色知识……

绿色知识是**"绿色都市北京"**组织的针对不同环境的学习活动，是通过与各种自然和园林文化的联系获取到的。作为绿化和开放空间的计划、设计和交流，绿色知识成为一个非常重要的战略性任务。作为先锋，一些开设自然学科的学校已经在多年前就开始提供针对儿童和青年人的环境教育。

在我们的社会科学中，形成了有吸引力的协调自然的有关信息，比如像哪些能够满足群众的体验和协调社会挑战的需求。长期的学习，将休闲、满足和自然体验相联系，符合时代精神的基础，能促成可持续发展的含义。

现代环境学习的模式不是建立在对立上的，其重点在于设计的可能性和人与自然相互尊敬的共处。因此**"绿色都市北京"**将给许多民众提供一个有吸引力的方式。

"绿色都市北京"的新的作用区域是已知的，并且以乐于以绿化的目的相互协调。这个紧密的关系如同一棵树、家庭花园、一只动物或者一株植物等，总是一次又一次地带给我们意外惊喜。这个有建设性的合作交流伴随着这种感觉，成为了一种我们给予自己的要承担更高要求的义务。

绿色专业知识概括了大约 25 种不同的职业进修：一个可持续发展的一次性的多样性知识。

这个系统化的分析对于绿色知识有下面的结果：北京生活空间的关系、生物多样性的意识、绿化和健康的重视、自然产品和维护、负责任的交易和参与。

参考链接：以下为瑞士苏黎世的参考数据和计划

	现今的参数	10 年后的目标
知识传达	客户联系：大概 150000/年 网络访问：235000/年 杂志"绿色年代"：每年 4 次，共 18000。	大约 300000/年 500000/年 保持
生物多样性	27% 的瑞士公民认为生物多样性是有意义的。	50%
绿化和健康	没有数据	加强意识
参与	捐款：150000 法郎（合作伙伴，项目的资金）1200 成员	750000 法郎 4000 成员

十年之后……

绿色知识作为与社会相关的任务在可持续发展的学习中已经被确定下来。北京作为绿色知识的先锋，作为教育和科学的城市，起到了示范的作用。

在民众和"**绿色都市北京**"成员之间，经常定期或不定期地举办活动。所有"**绿色都市北京**"的成员都会带着他们从公认的自然协调员那里得到的专业知识，进行有感情的、有意识的、严肃的交流。

在绿色知识里面的交流平台是为了展示当前的内容和交流的经验。现代医学的使用也是显而易见并且非常接近。我们尤其关注那些对绿色课题很少感兴趣的老年人。

生活空间的关系 北京的民众认识和不断理解这个多样性的绿色项目。这个和绿色空间专业关系非常紧密，对于城市风景的要求很高。

生物多样化的意识 这个城市的民众对于生物多样化的意识非常高，并且认识到了不同的层面。北京的一类价值来自于拥有不同的生活空间和多样化的动植物种类。

绿化和健康的关注 居民和工作者认识并估计在绿色空间里面的行动可能性，他们也认识到森林和其他的绿化区域可以产生干净的空气和水。

自然的产品和维护 来自生物制品地区的自然产物对于环境和健康都是有帮助的，并且受到欢迎。人们大力维护自然绿色区域并提倡健康价值的观念。

负责任的参与 民众一直保持与他们生活空间的交流，这种能力是非常高的，许多志愿者和公民都支持负责任的参与行为。

我们的行动领域

已经定义的目标组　我们通过合适的方法和不同的目标组来实现。

科学发展中的城市　我们为了保持科学的不断向前发展提供北京基本的费用。

定位健康城市　我们尽力定位健康的要求，作为"健康城市"的一部分。

寻找合作伙伴　我们寻找已经达到目标的新的合作伙伴，特别是那些为了交流绿色知识并且要求自愿合作的伙伴。

现今的交流方式……

根据规划，"**绿色都市北京**"包含了丰富的内容，并与自然进行融合和交流。

多方式的供应　展览、学习、交流成功经验与接下来的供应让其自身感受到使用的独特。

交流的启动　儿童在学校中会获得不同的自然体验安排，会给儿童发放假期护照，或者和家人一起去做野生公园的动物使节。成年人会选择去旅游、参加报告和学术旅行考察。尤其是对于政治家来讲，每年都会进行绿色交流和绿色论坛。富有文化含义的节日，吸引了大量的参与者。

合作的可能　通过从事绿色活动的人士的努力，提供了合作的可能性。

媒体的作用　在苏黎世，一年出版四次的杂志《绿色时代》，以及通过目前在网络上广为流传的"鹰－现场摄像"，说明书和书籍交流成为"**绿色都市苏黎世**"的关注点。在北京，媒体对绿色的推动力也越来越大。

咨询文化　园林所有者对于建筑的创意将来源于或参考自然和园林文化。

学习和进修　内部的进修保证了合作者的能力。绿色知识的传达对于土地所有者、专科学校来说都是很重要的，不管是进行研究还是学术交换，双方面都可以获得成果。

合作和支持　"短期旅游"或者"农村学校"都是由合作伙伴来承办的活动。"**绿色都市北京**"将支持那些交流绿色知识的组织，像"自然之友"。

十年之后……

根据首先所想到的东西，**"绿色都市北京"**将提供创新的不同目标组，以便从非常规角度来和自然课题联系。

园林文化将作为城市历史发展的鲜明烙印，作为一个重要部分被保护。

农村的学校花园以及在每个学校里建立的森林区域，这些都和自然有直接的联系。通过在自然中的活动产生交流能力。

在网络中，绿色知识的内容和最新活动的合作具备明显的可行性。

参考链接：以下为瑞士苏黎世的参考数据和计划

	现今的参数	10 年后的目标
旅游或者学术考察	每年 80 个	每年 100 个
展览	大约每年 10 个	保持
合作伙伴和自愿者的参与	与学校在农村的合作，以实物换取金钱，亲近大自然，刺猬之家等	加强共同工作，提高资源的实施路线
学校花园和森林	学校花园：37 个 学校森林：目前没有	保持，提高学校企业的面积：5

我们的行动领域

展览 我们通过设立在学习地点的长久性的或者交换性的展览宣传自然的特殊性。

旅游、学术考察 为了让绿色文化更接近大众，我们提供旅游和学术旅游考察。

学校森林 我们注重友好的关系、责任心和设计能力。因此，我们将权利和任务转交给已经分配好森林区域的学校。

课题 我们将绿色知识和不同的课题相连接，为了吸引更多的人参与。

支持 我们支持一切组织和协会并且愿意共同合作。

园林纪念碑维护 我们建立可行的信息和财产清单，为了建立专业的、有价值的私人园林的设计、咨询以及维护体系。

现今的自然学校……

随着已经确定下来的自然学校，**"绿色都市北京"** 将会提出一个全国关注的环境和自然教育的建议。

每年都将有许多名来自北京的儿童在大自然中度过一天，大多数是在森林中。这种直接的接触可能带来情绪上的、社会学上的和生物学上的体验。这些儿童和年轻人能够积累自己的经验，加深他们和大自然的关系以及对于整个大自然形成过程的认识。对于动物和植物多样化的发现，促使他们产生和大自然进一步交流的想法。

自然学校针对在北京的所有年级，从幼儿园一直到高年级，目的是让所有年龄段的儿童都能有感受大自然的机会。

自然学校是一个和教育高校、农村村委会和政府共同合作的项目，旨在让儿童可以接触大自然，并且可以在农村体验生活。

十年之后……

对于儿童来说，自然学校会让他们接近自然空间所取得的效果更加直接。有了对于动物和植物生存基础的了解，会让他们为保护自然环境和资源的可持续发展也作出贡献。不同自然学校的建议进行了模块化的整理并且互相表决，一个之前就准备好的建议保证了成功有效的交流。

学龄前儿童在充满障碍的自然空间中行动，会增强自身的平衡力，与此同时，他们对于自然的兴趣也开始觉醒。在进入学校的第一年，通过玩耍的经历加深了和自然的关系以及直觉能力的觉醒。通过后期的研究和分析使得中年级的学生认识到自然的特性和循环。而判断和评价带领高年级学生认识到对于事物之间关联的理解。

教育和专业的资源从自然学校的"知道为什么"中和自然教育作用的激增中获取。

参考链接：以下为瑞士苏黎世的参考数据和计划

	现今的参数	10 年后的目标
森林学校	Sihlward 从 1986 年 Adlisberg 从 1989 年 Hoeggerberg 从 1992 年 每年提供的天数：389	保持
共有学校	从 1994 年每年在温暖的季节，每年全天/半天提供的天数：69	延长每年工作时间
野外公园学校	从 1998 年开始每年半天提供的天数：102	延长
在农村的学校	每年全天提供的天数：6 每年半天提供的天数：27	延长
专业教育提供	从 2002 年开始，每年全天/半天提供的天数：76	延长
自然学校的价值	学习班：15	延长
评估	学校对于体验价值的统计 重要性：5.8（最高6） 满意度：5.5（最高6） 对于学生学习价值的统计 重要性：5.3（最高6） 满意度：5.2（最高6）	相匹配的

我们的行动领域

供应 我们适度地将与内容有关的自然学校进行扩建。

发展 为了起到更大的作用，我们为最佳的供应联系设立一个桥梁。

现今多汁植物的收集……

北京拥有一个面积可观的植物园和植物研究所。对于大多数濒危多汁植物的维护和科学的管理已经达到了国际化的标准。通过对多汁植物的收集我们可以得知最新的需求是什么。

在瑞士苏黎世每年大约有 35000 个参观者前来，其中有很多感兴趣的人们是来自国外的。75 年来多汁植物园一直在扩建之中并经历了几个发展阶段。随着参观者的明显增加，多汁植物园越来越拥挤。这里蕴藏着巨大的潜在的市场商机，现今无论是合乎时代的展览或有效的企业运作的基础设施都是远远不够的，在大型的项目中一个新方案已经被列入计划。

未来设计对湖边进行了再评估，并肯定了多汁植物种植的潜力。赞助商在理论、物质及信息方面提供大量帮助。

十年之后……

在湖边展示一个独一无二的、多样化的、吸引人的多汁植物世界。在现代的玻璃建筑下，提供一场高品质的视觉盛宴。通过文化部门和顾客的建议，使得多汁植物的收集对于民众以及来自世界各地的参观者都具有非凡的吸引力。

北京作为世界上有能力集中维护和扩大多汁植物收集的城市之一，这些植物每一个的来源都按照科学的标准来制定。它根据起源地的实施路线参与了大致的生物多样化的维护，并且展示了它们的含义。作为自然科学的精髓，专业图书馆也可以参与。

参考链接：以下为瑞士苏黎世的参考数据和计划

	现今的参数	10 年后的目标
每年的来访者	35000	80000 新标准，包括客人提供的
受威胁种类的数量	世界范围内 80% 的多汁植物受到威胁	保持
组织的成员	400	600

我们的行动领域

企业建议　我们为了调整多汁植物收集而发展企业草案。

展览　我们在不同的空间里展示收集多汁植物的简单经历。我们展示种类的共同性，科学性地加以巩固，并且有巨大的发现潜力。

经历　我们为非同寻常的事情喝彩，例如昙花在夜间的盛开。

基础结构　我们支持一个集合餐饮业和课堂讨论可行性为一体的、全新设施的建筑项目。

和高校联网　基于科学性的学习目的，我们紧密维护一个国际合作项目，特别是在植物材料方面。

现今的城市花园……

　　城市花园在不同的国家都有所不同，在瑞士苏黎世，棕榈花园和植物观赏园对于那些在阿尔卑斯山区域寻找休闲场地的人们来说都是一个很好的建议，它们是在温室中和大型地区服务于特殊植物的园林。

　　而在北京地区，城市花园有自己的特点，一般来说设施的基础部分往往表现了浓郁的东方文化维护。温室的大部分只满足了相关的安全性和环境的兼容，已经不能满足现如今的标准，是需要革新的。原来的定位不适用于一个经济上有竞争能力的植物产品，随之而来的就是确定新发展方向的使用模式。

　　这个计划中的新组织考虑到了增加学习和产品之间的联系，让已经存在的有着一定比例的基础结构适合最低限度的消耗。通过要求前往学习地点，在那里不仅可以交流理论，也能进行实际的工作。

十年之后……

对于植物产品的学习和进修，已经在城市花园中建立，它会是一个著名的、多样化的、让人学以致用的地方。家庭和业余园艺家、城市管理者、对园林感兴趣的人在这里都可以找到一个实践的进修机会。

水果、装饰植物和蔬菜种类的增多满足了大众的需求。对于独特的新的植物种类，把它种在学校花园里，从播种和维护它的幼苗都给予充分的重视。同样，苗圃里的一些老的种类还是受欢迎的。

对于绿色职业可以在城市花园里找到特殊的学习班以及与之对应的毕业考试。从事这一行业的年轻人或者有着工作经验的人都可以在这里找到可能性，收集实践中的经验，无论如何都要和其他学科相关联。

在香料和茶叶园区提供自助采摘，它在城市的其他区域提供了需求。花园将由有经验的人员或者社会志愿者的参与来维护。

参考链接：以下为瑞士苏黎世的参考数据和计划

	现今的参数	10 年后的目标
学习天数	大约 25 天	150，其中 100 个通过额外的提供者
额外的学习伙伴	Miros 俱乐部学校，庄园主协会，ProSpecieRara，Bioterra	保持
棕榈花园的来访者数量	20000	25000
活动	展览：大约 15	30
展览的评价	重要性：5.3（最高6）满意度：5.4（最高6）	相匹配的

我们的行动领域

提供学习班　我们举办一个理论和实践相结合的学习进修班，旨在让年轻人和成年人学习园艺知识。

专业咨询　我们提供专业的咨询，旨在传播绿色知识，特别是对于靠近自然的绿化区域。

开办展览　我们展示给民众有吸引力的观赏植物的各种展览。

新的计划　我们建立一个企业草图，为了满足建筑的最低结构的调配。

现今的自然体验公园……

在瑞士，Langenberg 的希尔森林和野生公园在 sihlwald 发展成为面积 1000 公顷、人迹罕至、完全禁止狩猎的但非常有影响的自然公园，这里的自然保护区是欧洲范围内非常有名的。在森林的中心，通过展览和有吸引力的年度项目，每年大约可以吸引到 20000 人。而来观赏动物的人数每年可以达到 300000 人次。

在北京，野生公园的周围可以看到周边的野生动物。近年来，北京野生动物的种类和数量明显增多，仅野生鸟的种类就从 1982 年的 118 种增加到 2007 年的 354 种，25 年间增加了 236 种。休闲和对于自然的学习在这个野生公园里扮演着一个重要的角色。

十年之后……

Langenberg 的希尔森林和森林公园一起组成了苏黎世的自然公园，这是一个国家认可的自然体验公园，加上额外的潜在面积，它已拥有超过 1100 公顷的面积。

北京野生动物园位于大兴区榆垡镇万亩森林之中，是集动物保护、野生动物驯养繁殖及科普教育为一体的大型自然生态公园。园区占地 3600 亩，投资总额 150000000 人民币，汇集了世界各地珍稀野生动物 200 多种 10000 余头。北京野生动物园以散养、混养方式展示野生动物，设散放观赏区、步行观赏区、动物表演娱乐区、科普教育区和儿童动物园等，建有主题动物场、馆 32 个。这里有着独一无二的、民众在自然森林里和野生动物在一起的自然体验经历。关注点是大自然的生命力，像动植物的生命基础对他们而言，对比都市的繁忙，自然体验公园是一个巨大的安静空间，是一个可以休养生息的地方。北京的自然公园也参加了可持续发展的学习。

自然中心和野生公园描述了转变的区域和进入通道。多文化的供应，像饭店、商店等，吸引了广大的人群。

参考链接：以下为瑞士苏黎世的参考数据和计划

	现今的参数	10 年后的目标
研究报告	硕士论文：一年 3 篇 博士论文：10 年 1 篇	一年 3 篇 2 年 1 篇
提供学习的机会	学习班：25 旅游和工作考察：160 动物使节：40 天 展览参观人数：6000	保持 300 扩建 提升
动物	野生动物种类：17	22
对于野生公园 lange-nberg 的评估	值得体验：5.2（最高 6） 满意度：5.1（最高 6）	相匹配的
合作	Pro Natura，Sihlwald 自然基金会，瑞士动物园，地区提升 Zimmerberg – Sihital	增加战略伙伴
为 ZNP 的自愿的工作	动物合作：240 给 ZNP 的捐款：30000 法郎/年 成员组织：800	350 500000 法郎/年 3000

我们的行动领域

国家性的认可 我们和我们的合作伙伴为了自然体验公园能够得到国家性的认可而去申请。

自然体验和学习 我们给来访者展现了一个全新的未来前景，关于自己和体验。我们为学生提供了一个有吸引力并且有趣的学习课程。

通过野生动物宣传 我们通过野生动物，如麋鹿和野牛作为对我们风景的宣传。

对自然公园的研究 我们和高校以及北京自然公园研究机构一起研究这些很少向人们宣传的自然公园的种类和经历。在这里会设置一个长期的科学性的监控，我们会将研究过程和结果展示给人们。

开辟崭新课题 我们通过战略伙伴关系，开辟了一个崭新的课题范围。

互动体验中心 为了满足广大的民众的需求，我们将自然中心和野生公园持续发展成为多样化的互动体验中心。

现今的自然产品和维护……

在瑞士苏黎世，关于大自然的经营、城市绿化和自由空间，在 1995 年通过市议会 VVO 已经被定义下来，并且引入实践中去。这些条例促使**"绿色都市苏黎世"**所属的一系列服务部门，例如照管城市绿化区域的业余园艺家受到约束。培训和咨询的需求量决定了条例转换的目的，从那个时候开始许多转换得以实现。

许多信息表明，民众很好地接受了这些亲近自然的理念。包括本土的植物和动物的价值以及意义的敏感度都是受到关注的。在苏黎世一个很好的例子就是在 2005 年萤火虫节上成千上万的游客狂欢之际，越来越多的萤火虫的出现。通过 FSC 的环保的农业和林业在很久以前就已经处于一个比较高的水平了。

"绿色都市北京"将学习**"绿色都市苏黎世"**的做法，通过培训来实现对自然产品的维护，因为只有理解这个联系的人，才能够承受这个无化学污染维护的开支，并自愿开展费时费力的除草等行为。

十年之后……

　　土地的承包者和经营者，特别是农场主和城市的服务部门，认识到亲近自然、维护绿化带来的意义，以及支持新的管理条例的颁布。**"绿色都市北京"** 将通过咨询和多元化的信息来支持这些条例。

　　专业培训和进修保证了一个良好的有质量的生物学上的调整。这个对于环保的土地经济和FSC（瑞士森林管理委员会）森林经营的认识已经确定在产品中。土地保护的学习和咨询保证了土地的肥沃程度。

参考链接：以下为瑞士苏黎世的参考数据和计划

	现今的参数	10 年后的目标
根据 VVO 接近自然经营的确定	**"绿色都市苏黎世"**：100% 其他的城市性的服务部门：大约70% 家庭和业余时间园林的雇主：大约60% 私人土地所有者：没有数据	保持 100% 100% 接近自然的经营确定
接近自然的绿化带维护的持续培训班	开班日/年：5	30
城市的森林区域的FSC 经营部分	城市自己的森林：100% 其他的森林：95%	100% 100%
经营	250ha 环保经营（功率证明的27%） 剩余部分根据生物学的功率证明 36 个中的 9 个土地经济企业都是环保生产，其中 8 个是城市作为雇主。	生物学的功率证明是基础，超过平均部分是环保经营的，所有的城市作为雇主，通过包装的功率证明受到环保企业的喜欢

我们的行动领域

家庭和业余园林　我们教授和咨询我们在接近自然经营的雇主，并且将方针转换成合同制的。

城市的服务部门　对于一个前后一致的亲近自然的绿色区域维护，我们和城市的服务部门一起进行紧密的合作。

承包的土地经营　我们说明了通过积极的信息和学习工作，接近自然的经营和服务的理由。

合作　我们要求"**绿色都市北京**"合作的能力，为了能达到接近自然的维护和经营的最佳化。

教育活动　通过教育活动确定了我们专业的培训和进修。

实施机构

- 案例研究
- 流程
- 机构价值
- 资源

案例研究：运作机构 "绿色都市苏黎世" （GSZ）

在这一章里，我们将学习 **"绿色都市苏黎世"** 这一机构的做法，希望为我们未来的基于市政和环卫部门的公共服务机构——**"绿色都市北京"**——提供借鉴经验：

"绿色都市苏黎世" （GSZ） 是隶属于市政工程及环卫部门的一个公共服务机构。

绿地与开放空间对苏黎世的生活质量作出了决定性贡献。**"绿色都市苏黎世"** 负责保障苏黎世所应具有的生活质量并且确保以下职能的安全性：

▶娱乐
▶休闲
▶享受自然
▶对自然风貌的保护
▶土地储备的安全性

根据这些重要的目标，**"绿色都市苏黎世"** 制订出有策略的并行之有效的计划。此外 **"绿色都市苏黎世"** 优化了它的经济性并以客户利益为导向。

自 2001 年的合并起，**"绿色都市苏黎世"** 持续不断地发展着组织结构，与 300 多名工作人员共同在不同的大项目中诠释着职业准则与行为准则，并找到了自己的口号：

我们工作的地方，花团锦簇——我们塑造生活质量！

这本书是这一过程的延续并含有未来十年的规划目标以及针对实施的策略性行动领域。

完整的计划

规划区域	外部影响	苏黎世 城市规划
指示性规划	经济环境	商业秩序乙方
森林法	需求的变化	立法会的重点乙方
农业法	自然的升值	政治委托
自然人文保护法	休闲行为	预算、财政计划
生物多样性	所在地的质量	苏黎世2025展望
空间规划法	其他外部影响	财务管理手册
环境保护法		乙方决策
建筑法		建筑与区域安排
未来环境教育	绿色都市苏黎世	城市空间 2010
自然保育的整体概念	目标与策略	人权
狩猎法		其他规划
其他规划	绿地与开放空间	
	态度	
	环保、教育	
	企业	

GSZ 草案
农业发展
发展区域
林业发展
校舍周边环境
停车位
自然公园
园林自然自助，环境网
绿色知识
绿色交通
农业
城市花园
健康土壤
河岸
家庭、休闲花园
公墓
工作安全、健康
培训
伙伴关系
环境管理
财政、投资规则
交流、展览
重要贡献
果树推广
地理信息系统
企业汽车、机械

产品
领悟自然，促进自然
教育、体验
展览
森林动物
自然保护
生命空间的资助
自然森林

自然空间、自由空间
保育林
公墓
停车位
绿色交通
绿色学校
体育设施
淋浴设施
外延绿地
农业
绿色、自由空间
规划

建筑管理
出租面积
土地租用
出租不动产
自然产品
林业产品
圣诞树
园艺产品
农业产品

服务
咨询、控制
其他部门服务
第三方服务

基本观念 /GSZ数据
清单
街道树木
树木清单
游乐园清单
公司清单
自然保护清单
森林街道清单
租户
地址
苏黎世空间护理
自然
建筑
多计杆物采集

护理工作
绿色都市苏黎世图书馆
建筑清单
循环清单
环境报告
管理信息系统
费用
长椅清单
汽车、机械清单
不动产清单
委托
企业手册
其他基础与信息银行

GSZ 之外的草案与政策
巴赫概念
自由文化
城市建设
体育策略
安全、洁净
活动策略
大事计划，能源
环境政治
大事计划，厕所

GSZ之外的基础与信息银行
噪音册
官方测量
城市不动产
人口调查
数据库
地方服务
清单
劣势模型
平衡模型
气候功能
变化标示
其他基础与信息库

有效的平衡
满意与重点

标杆管理/欧洲质量管理基金会/ISO14001

流　　程

　　什么叫做完整的计划？公墓、自然和野外环境、园艺文化、农业发展、体育设施、艺术资助、自然课——所有主要的主题都有各自的计划。区别规划的时空与内容是不同的。但是为什么要使用一个完整的计划？原因如下：

▶当它们是在一个封闭的循环中被执行时，整个流程会更加经济；

▶当专属的规划工作相互融合时，整个扇形思路的劣势会被化解；

▶完整的计划与行为支持网络状的思考并以使用者的需求为首要任务；

▶在流程中完整的计划展现了最重要的进程。

　　规划与外部影响："**绿色都市苏黎世**"致力于规划，专注地观察着外部影响的变化，以及塑造着积极有意义的规划。

　　目标与策略　长期目标填补了策略性重点与行为区域，给出了通往未来的重要道路。它们起着调整短期计划的发展方向的作用，并会按照产品的不同而做出自我调整。

　　计划　计划包含了未来 4~6 年内专属的课目与领域。据此确定生产进度的规划并描述出完整计划内各个组成的关联。

　　基础和信息库　高质量的基础对高质量的计划而言是十分重要的。信息库与地理信息系统会被"**绿色都市苏黎世**"系统地执行，管理城市的工作人员可以即刻得到重要的信息。

　　生产管理　"**绿色都市苏黎世**"产品是年度计划与控制的关键要素。他们把这视为核算产量与订单的单位，一共有 5 个小组生产产品，生产流程遵循产品的功能需求。他们每年将会根据具体的目标和规模重新做出自我调整。在这个前提下会制定出财政预算与年度预算。

　　有效的平衡　对"**绿色都市苏黎世**"来说成功有不同的衡量尺度。它会遵照客户的满意程度与达成的目标的质量同时以促进经济与否为指标来进行判断。"**绿色都市苏黎世**"为重要的产品作出效应控制。因此满意程度与所创造的功能的重要性将会被关注，并加固区别优品与次品的基础环节。

　　标杆管理　标杆管理对城市规划来讲是很重要的。除了必要的经验的交流之外还有规则可遵循，如欧洲质量管理基金会标准，ISO14001，结果会汇入方案中。

效应导向性行为

任务结构	
人口	政府
议会	代表部门

绿之城苏黎世，企业管理
主流程

	提供服务的（谁）进	服务（什么）出 供	服务接受者（为谁）需
效应导向型管理	**GB** 自然赞助 自然班 自然保护	**PG** 自然理解 教育 展览 野生动物 森林保护 活动资助 自然	**KG** 教与学 教师与学生 孩子与青少年 自然兴趣 学校设施
	GB 野生动物 森林 野生的 野生公园		**KG** 研究员 大学
	GB 计划 项目 自由空间计划 自由空间咨询 园艺护理	**PG** 自然、自由空间 保育林 公墓 停车位 绿色公交 绿色班车 运动设施 冲凉设施 绿化带 农业 绿色空间 项目	**KG** 修养 个人或家庭 联盟 游客
生产小组	**GB** 娱乐 小河 公墓 上城 老城 公墓		**KG** 住宿与工作 人口局 居民局 工作的人
			KG 运动 运动场、联盟 个人或职业运动
		PG 建筑管理 出租面积 农业用地 出租不动产	**KG** 出租 承租者 房客 花园房客 临时住所
商业领域	**GB** 企业 农业 农场村 野河 野河，北 城市园艺 物流	**PG** 自然产品 圣诞树 园艺产品 农副产品	**KG** 货物 卖家 木材 植物
		PG 职能 咨询 第三方职能	**KG** 建筑与计划 计划 城市管理 联盟

支持流程	私人管理	质量管理	公共工作
支持产品	财政管理	法律顾问	

以效应为导向的行为　以效应为导向的管理加上良好的财政预算使得目标更容易达成。我们把客户的需求始终放在中心位置。

"绿色都市苏黎世"一直追寻着有利于组织发展的流程。供与需，即接收功能与供应功能一直检验着主流程：

▶供：谁为谁做事情？

▶需：谁从谁那里有需求？

领导阶层也是这种循环的一部分并支撑着这种传动。

谁创造功能　**"绿色都市苏黎世"**包含了六个商业领域。其中之一是内服务，它为整个企业创造支持服务，其他五个商业领域是WOV（即新型开放式管理模式）产品的功能创造者。

"绿色都市苏黎世"以一个严密的组织结构为基础来创造，因此它更近于客户，并具备相应的灵活性。商业领域之内的超过40个专业支配着清晰的目标、功能规划以及一致的财政预算。

哪些功能被创造?　丰富多样的功能包含了27种产品与5种支持产品。它们以各自的目标、策略以及规划为基础，支持产品提供基础设施并支持主流程。

为谁创造功能?　受益人，即我们的客户，是多种多样的并且他们的需求也是不同的。除去公民还存在着大量的其他客户群。他们的需求都会及时地被满足，这也是**"绿色都市苏黎世"**主要的任务之一。

机构价值

有竞争力、有活力的员工 "绿色都市苏黎世"的员工都很有责任心,也具有竞争意识。客户与员工之间的沟通是领导层首要考虑的问题。专业与社会交际素质是很高的并会进一步被加强。大约60%的员工每天都与客户保持联系并作为"绿色都市苏黎世"与城市管理形象的承载者。机构为员工的再培训做投资并定期地更新科技与设备。

社会责任 "绿色都市苏黎世"拥有支配80～100个来自不同城市的社会团体的能力。

拉近与客户的距离 分散的组织结构和与此相连的管理代表团拉近企业与客户之间的距离,并可以保证客户利益。对财政与相关目标的控制支持着生产线的正常运行。

健康与保险 不时发生的危险事故需要很好的保险标准。"绿色都市苏黎世"因此积极地对企业的健康投资负责。

交流与信息 在"绿色都市苏黎世",内外信息的交流非常重要,信息的及时中转提高了对不同绿色设施的理解并可以促进对话,在任何情况下交流都需要公开与相互的尊重。

质量与创新 "绿色都市苏黎世"自我认同为学习型组织,并可以积极地创造稳定的发展流程。"绿色都市苏黎世"预测变化并带着创新型的方案使员工受益。

环境责任 "绿色都市苏黎世"为环境的保护负责,每一次的公司决策都会考虑到相应的环境因素。

经济性 "绿色都市苏黎世"内的员工会以一个企业来思考并行动,利与弊的考量是最重要的领导任务。有规律的在不同层面上的检测是衡量功能的尺度并可以改善基础。

资　源

如今的员工　约 450 名员工为"**绿色都市苏黎世**"工作，其中 20% 为女性，约 30% 的工作人员是兼职性质的，其中的女性超过了 50%。平均每年有 390 名全职员工。25～30 人每年在不同的岗位完成实习。此外有 30 个培训岗位可用，其中主要是手工类的。

未来的员工　基本上本书中所有的目标都由"**绿色都市苏黎世**"与员工一同来完成。以对本书中提到的目标的专注，"**绿色都市苏黎世**"将提高组织的效率，另外额外的工作岗位是有保障的。

▶城市赞同了可用的绿化面积的份额

▶需要创造新的显著的其他性能

▶由第三方资助额外岗位的开支

当实习名额的比例占全体员工比重的 8%～10% 时，"**绿色都市苏黎世**"额外在相似的位置上提供实习位置。因此严格的培训有了保障，并连带加强了生产出的产品的优质性。

如今的财政　"**绿色都市苏黎世**"每年不包含投资的开支是 101 百万瑞士法郎，第三方利润是 19 百万法郎，在其他服务上的城区功能盈利 14 百万法郎。每年的消费余额是 68 百万法郎，即 55 拉平每天每位居民。设备的利息是 25 百万法郎，在基础设施上每年投资 25 百万法郎。

在公园和体育设施上，其中 70%～80% 用来翻新现有的设备，20%～30% 用来购置新的设备。

工资支出与从第三方为了娱乐与投资而投入的钱，各为 43 百万法郎。

未来的财政　通过作为对手册内的目标的专注的结果，理想的效率提升，财政需求不会有本质的变化。因为其他服务部门而产生的结算数额，由于在体育与学校设施区域内大量的投资与面积扩建，会以每年 1%～1.5% 百万法郎的速度增长。每年的投资为 20%～25% 百万法郎并导致财政支出的上升。有些面积扩建是由于上升的利益压力，这与绿地维护会导致更多费用。越多扩建，越多额外的人员开支。

当手册中重要的目标与行为领域被改变的时候，每年会有 1% 的物资与人员开支的提高。

附　　录

绿色苏黎世

关键词目录

关键词目录补充了内容目录，减少了在以下章节中根据目标和 GSZ 位置搜寻内容的复杂性：

▶绿色和开放空间场所

▶基本态度

▶环境组成

▶任务

词汇表及链接

A

种植管理部门 受国民经济管理部门（农业部）的委托，负责对以下事务进行监督：家畜的养殖，苗圃的培育，粗放式和少量集约式的草地的切割时间，并征收相关费用，用以调节一般性和其他支出。

在绿色城市北京有一个种植管理部门。［关于联邦法律对于农业管理收费的州政府规定（LS910.2）］

AfS 苏黎世市的公共服务部门—市政建设局。

代表群体 和英语中的专业术语《stakeholder》意义相似。

例如：GSZ 代表群体是苏黎世市的公民，苏黎世生活区的联邦成员，政治党派，市议会以及其他公共服务部门。

▶用户群体
▶目标群体

工作群体 暂时性的，经常是跨学科的工作人员群体，他们有着共同的任务和项目，在外部专业人员的帮助下，完成所定的工作。在绿色城市苏黎世就经常会有这样的工作群体。他们的相关资质每年都会被审查。

升值区域 曾经经受过严重污染的城市区域。这里的生活质量得到了改善或经过了重新的塑造。例如苏黎世的升值区域有：奥利考恩（Oerlikon），格吕瑙（Gruenau），哈德营（Hardquartier），朗斯拉瑟（Langstrasse），西巴赫（Seebach），于波兰德斯拉瑟（Ueberlandstrasse）。

扩建度 它说明的是，在建筑区域里一块土地面积的充分利用的程度。地区的建设规定让位于已得到授权的使用。

平衡面积 带有植被的生活区域或环境元素，该植被接近于大自然，并适用这一地区的环境。它在平衡过度的建筑性用途得到利用。

AWEL 苏黎世州负责垃圾，水资源，能源和空气的部门。

B

BAB 建筑区域外的建造。
［RPG（SR.700）的第24～24d章和第37a章］

BAFU 联邦环境局，前身称作BUWAL。瑞士环境，交通，能源和通信部（UVEK）的一部分。

▶BUWAL
▶UVEK

树根处圆圈 树根周围耙松的一圈土。

标杆瞄准 它是一种企业管理的方法，与企业的入库区相类似。

标杆瞄准也是绿色城市苏黎世的前进方向，它可以此为方向衡量自己所处的位置，并向第一名学习。

BFS 联邦统计局。

生态多样性 生命的多样性。希腊语单词"bios"的意思是生命"Leben"，拉丁语单词"diversitas"的意思是多样性"Vielfalt"。在一个生存区域内不同生命形式的数量，并因此而生成的动物和植物的多样性。其所指的"不同的生命形式"不仅指的是种类的数量，而且是同一种类内的基因的多样性，生态系统的多样性和生命形式之间相互关系的多样性。

生态农业 农田管理方法以满足有机农业条例的规定，提出全面的生物生产要求。基本准则是：所有的生态企业必须以有机化进行管理。

为了保持和促进物种的多样化，联邦在农业的使用面积上支持生态平衡区域，该区域具有特殊性的生态品质。它把生态平衡区域与财政援助相结合起来（生态质量款项）。

［生态规定（SR 910.18）；生态品质规定（OQV）（SR 910.14）］

BIP 国内生产总值。

BLN 联邦重要地区以及自然遗迹目录。

土壤密封 土壤表面的覆盖物含有实用性的密封物质，其可以堵塞空气和水的通道。密封主要是通过街道，道路，楼房以及地下建筑的建造实现的。自然的土壤功能将会因此而毁坏，并且雨水的渗透也会被抑制。

▶密封程度

BSE 疯牛病（牛海绵状脑变）。

BTS 用于专门爱护动物的动物之家系统。联邦农业局的一个动物保护标签计划。此项直接性的赞助款项用于豢养在牲畜棚中与人类关系密切的食用性动物。

［SR. 910. 132. 4（BTS‐条例第七条1998年12月）］

RAUS

BUWAL 旧称：联邦环境森林农业局。新称：BAFU

▶BAFU

BZO 地区建设规划

［AS 700. 100］

▶结构计划

D

DA 公共服务部门

E

EAWAG 瑞士的自来水供给，污水处理厂以及水域保护机构

EDK 瑞士的州教育主任会议

EFQM 欧洲质量管理基础。企业全面质量管理的衡量标准。

绿色城市苏黎世借助于欧洲质量管理基础横梁标准的帮助，定期检测其在各个领域的生产表现情况。通过此项办法可以超出部门的层次，

对企业进行比较。在这方面，瑞士的最高荣誉是普利斯·艾斯普利斯奖（Prix Esprix），欧洲则是欧洲质量奖（EQA）。

发展领域　发生了变化或者即将发生变化的城市某一区域。通常情况下，这会涉及的是通过重置或者压缩使其改变成为服务或者市区的原工业区。

ERZ　苏黎世清除＋废物回收利用，苏黎世市的一个公共服务部门。

ETH　苏黎世理工学院

F

FAT　位于 Ettenhausen 的农业经济以及农业科技的瑞士研究所。如今是：Agroscope Tenikon。

FFF▶轮作区域

开放区域　完全不同于结构计划中所定义的开放区，这一开放区域可以用作不同的目标，因此它是最不同的区域。比如说农业区，恢复性地带，包括只要是在保护法规范围内被确定的，以及其在使用中不影响到开放活动的区域。

　　▶开放区
　　▶保护法规

开放区　苏黎世城在它的城市建设规划中（BZO）并未明确划分出开放区（Freihz）自 PBG 第 39 章起和 RPG 的农业区（Lwz）保护条例第 16 条。在农业区与非建设区域有关，在开放区需满足保护区的多

样化，参照 RPG 第 17 条加之特殊化建筑区条例，例如：用于娱乐用途。娱乐区的界限一部分不能明确界定。按照联邦法律在城市建设规划中所涉及的开放区显著部分属于农业区，特别是除按规定规划的市区。依照 RPG 第 16a 条或第 24 条，此处仅允许建造建筑工程和公共设施。（瑞士）州政府对此有解释权（RPG 第 25 条）。内部即施工区周围的开放区仅属于城市辖区内管辖范围。

　　▶开放区
　　▶娱乐区

自由发展区　平面及其所属的空中区域是高层建筑的自由区，不提供原始固定的、旋转的、机动化的交通工具。

　　▶半开放式自由发展区
　　▶单一功能自由发展区
　　▶多功能自由发展区
　　▶开放式自由发展区
　　▶私人自由发展区
　　▶市区自由发展区
　　▶专用自由发展区

自由发展区蓝图　影响苏黎世城发展的广阔的农业形式：凯特霍根堡（Kette Honggerberg）东北部－凯夫堡（Kferberg）－苏黎世堡－阿迪勒斯堡（Adlisberg），约特里堡的西南部，苏黎世河的南部。利马特河（Limmat）及 Shil 湖流域形成了著名的线形结构的自然景色。

自由发展区容纳能力　一定数

目的人口可同时使用该自由发展区，而不损害此处的娱乐休闲质量及环境质量。

自由发展区的服务 提供当地居民或企业职工步行可抵达的、可公共进入的自由发展区，该区域用于多功能实用性的休闲娱乐。

轮作农业面积 计算最低农业生产面积以保证在供给受干扰时的农业供应。[RPG 第 16 条，特别是：第三版；瑞士联邦空间规划法第三章：农业]

▶开放区

FSC Forest Stewardshio Council（森林管理委员会）。森林管理委员会许可证审核部门依据限制性规范，对关系环境和社会利益森林资源及/或木材加工进行全球性的分配管理。通过独立的许可证审核公司审查森林采伐及木材加工厂。联邦瑞士的审核标准：分离森林面积的 10% 作为森林保护区，最少 5% 作为全部的自然保护区。林中砍伐后裸露面积不得超过 1 公顷，最少以 80% 面积本地树木品种使其年轻化。苏黎世城市森林公园 1999 年于 FSC 注册。绿色都城苏黎世由 FSC – 认证组管理整个城市区域。

G

G59 首次全瑞士园艺建筑博览会于 1959 年在苏黎世举办。

园林文物 是以建筑及植物为介质的工作（公园、自由发展区），以历史性或艺术性原由而存在的公共需求。同时也作为公园时间性或历史性的标志性象征。

园林文化 园林文化清楚而简要体现了塑造整个绿色、自由发展城市风格的艺术性及城市建筑学的理论（历史性及现代化公园绿化设施、公墓、学校、健身设施、公共浴池）。园林文化始终展示时代精神及同时代和以往的自然领悟力。

GDP 园林文物护理

[市议会决议颁布关于瑞士政府部门纲要及职责，1997 年 3 月 26 日（AS172.110），第 44 版]

地貌学 是研究塑造地表及地平面成形过程的学科。

gfs. 伯尔尼 伯尔尼（瑞士首都）机构从事区域政治，文化交流及经济的研究项目。

GIS 地理学信息系统，是以空间为限制的数据控制及编辑、存贮及改造、建模及利用文字数字和图表进行分析的信息系统。

全球预算 一种用于定义及审核产品组及产品生产目标的工具。前提是需存在销项及进项。

全球预算让企业领导自主经营、遵照重要的经济计划指标，自主确定履行生产订单的方法。

GR 乡镇代表大会是苏黎世城的立法行政机关。

绿城事务专设机构 为当前"绿色"议题而召开的公开信息大

会，每年春季于绿色都城苏黎世及其周边连接的生活区举办。

绿色区域　过半数未封闭的自由区域，通过种植植物及植被而建造。

绿色聚会　通过城市的绿色区域为绿色苏黎世城的乡镇代表大会及授权的重要债权团组织的信息交流。

绿色队列　城市中连续的线性绿色结构

GSZ　"绿色都市苏黎世"

H

半开放式自由发展区　用于服务建设或住宅建设的绿色、自由发展区域，该区域并非由公众确定，而是由其服务建设设施的用途所需或者更确切的说是利用附近的居住民的住宅区。

▶自由发展区

▶单一功能自由发展区

▶多功能自由发展区

▶开放式自由发展区

▶私人自由发展区

▶市区自由发展区

▶专用自由发展区

主进程　阐述单一过程的时间流程，用以描述产品及服务的产生过程。绿色苏黎世城的两大主进程：产品生产及提供服务以及项目发展。

▶支架进程

植物标本　科学的收集干燥的植物或植物的某个部分。

I

IMMO　苏黎世城不动产管理委员会是苏黎世的一个服务部门。

指标　是一种参数或者显示支出变化、成果或产生影响的特征。指标多数情况下由两个量构成（例如：每单位的成本或每时间单位产出数量）。通常必须对整个指标组进行评估，以全面了解的发展状况。因此可以控制最终目标，每次设定目标都需要至少有一个可评估的指标。指标是绿色苏黎世城以及本书的生产及销售协定的组成部分。借助很多特性数值可以观察到指标。

▶特性数值

积分规划　完整观察所有的计划角度，把握全局。在整个相关的网络中找到互补且有最大可能性的方法。与此同时苏黎世城至今仍利用行业研究的巨大差距，以满足协调顾客指向的思维及行动的需要。

动产保值项目　由相关制定保护性措施的行政机关（联邦、州、乡镇代表大会）列出清单并描述保护对象（PBG 以及 NHG）。如果涉及跨地区的项目，则需在充分尊重州建筑管理部门要求的基础上，由市政当局审查。

清单条目本身没有保护作用，因此每个项目（例如：景观，公园，地貌学物体）都需要附带有特别的保护性措施。市政主管部门负责规

定必要的保护措施（基础性保护）以及保证对相关合约规定和义务的保护。［203PBG（700.1）］

ISO 14001　国际标准组织的关于引入和运行环境管理体系的世界通用性规定。通过了认证公司的外部质量评审后即可以获得 ISO 14001 认证合格证书。自 2003 年起，绿色城市苏黎世就获得了 ISO14001 认证。

K

KBS　荷载地区土地登记册，苏黎世州。根据关于重新开发荷载地区的条例（工业废料处理条例），各州必须制订出各自的荷载地区土地登记册。

受建筑管理部门委托，由 AWEL 的工业废料处理部门制订荷载地区土地登记册。它依据的是现有的工业废料－疑似污染地区的土地登记册。此手册提及了自 20 世纪 90 年代以来受到工业废料疑似污染的地区。

▶AWEL

数字代码　数字代码用数字的形式描述了一些在数量上可以测量的事实情况，并以简单和压缩的方式叙述了相关的事实情况和相互关系。

根据其目的，绿色城市苏黎世显示了其产品和服务的代码。此代码符合指示器的数量测量和描述功能，并是成功测量绿色城市苏黎世的组成部分。

▶指标

克诺斯配/生态－瑞士有机认证标签　针对监督生态农业的生态－瑞士联合集团标签。在最大可能保护环境的情况下生产出健康和绿色的食品。这期间的整个操作过程都必须生态并且环保。

合作　基于意见一致和自愿基础上的合作形式，合作双方之间互相平等。合作双方期望合作会有共同的成果。合作过程是一个双方自愿，并且发挥共同作用的专门性形式。

▶参与

KSO－区域　苏黎世城当地自然和景观保护项目清单上的物品。该清单于 1990 年 1 月 24 日由市议会确定。

［市议会第 288 号，1990 年 1 月 24 日］

消费者/消费者群　产品和/或服务的接受者。一个基于所选择的标准而界定出的人群，他们对 GSZ 所制订的产品和服务的质量和信赖性有着可描述的要求。

▶代表群体

京都议定书　一份由 159 个国家签署的文件，用于约束各国减少温室气体的排放。总体而言它的内容在于要求各国从 1990 年开始减少 6 种温室气体百分之五的排放量。但是同时各国也有其自身的减少值；对于瑞士而言（同欧盟一样），要求的减少量为百分之八。该议定书于 2005 年 2 月 16 日生效。

L

标签 对于在产品或产品工艺方面自愿遵守特别性，保证质量标志的表彰/证明。该项遵守由第三方部门进行定期检测。

例如绿色城市苏黎世的标签：责任心（M7 – 肉），FSC（可持续的森林管理），克诺斯配（生态农业），大自然计划，苏黎世面包（Zueri-ChornBrot）。

农业区域 一个非建筑区域，主要是用于和农业或园艺有关的生产。

在多功能性这个主题的指导下，农业区域用于长期保证国家的粮食基础地位以及其他公共利益，例如：对赖以生存的基础自然物质的恢复或保护。在特定的前提条件下（适合区域位置），允许建造用于农业和生产性园艺的建筑和设施［第 22 章和第 16 章 RPG，a］。例如它们可以是经济性建筑，家畜棚，温室，用于储存，调配和销售农产品或园艺产品的房子，居住用房。

对于例外情况的批准可以依据关于区位建筑物和设施规定里的第 24 章的内容（高压电线杆，蓄水池，导电轨）。在苏黎世，农业区很少看作是开放区。［RPG 以下第 16 章；PBG 第 36 章］

▶开放区

▶开发领域

成绩 绿色城市苏黎世的工作成果。同时对计划和已经取得的成绩进行了区分，既符合其数量，也符合质量。

引导性生物种类 对生存区域有着较高要求的动物和植物，其典型性生物就是此类。根据生态学专家的观点，保护性和改善性措施的质量和数量决定了生存区域，可以以此为依据进行评估。

▶目标生物种类

LEK 环境发展方案

向阳性树种 特别需光线的树种，例如橡树、松树、桦树和落叶松。

线性开放空间 开放空间轴线，像河岸或绿色植被组成的线条，它们也用于速度缓慢的交通。

丢弃 来源于英语中的单词 to litter，和德语中单词 werfen 意义相似。表示的是静止放置或无意中丢弃的垃圾所污染的公共区域（也包括交通工具）。

LN 农业的有效使用面积

LVZ 苏黎世市的房地产管理，苏黎世城市的一个公共服务部门。

M

增值附加税 RPG 第 5 章，由州政府授权而设计的增值附加税，用于应对宪法所规定的对于计划性贬值（例如：由于区域内外）的补偿义务。它涉及计划性增值，例如：

由于区域计划变动，它和土地盈利税不一样。BE，BL 和 BS 州在其州的法律中移植了 RPG 第 5 章的规定。巴塞尔市和伯尔尼市在引入增值附加税方面做得很成功。

机动性策略　它描述了苏黎世市在对待交通的问题上所采取的方法。2001 年 5 月 9 日，苏黎世市议会确立了机动性策略。

▶策略

MONET　针对瑞士可持续性发展的监督管理装置。它是联邦统计局（BFS），联邦环境局（BAFU）以及联邦空间发展局（ARE）的共同产物。MONET 指示系统从社会，经济和生态的可持续发展方面测量和记录瑞士目前的环境和发展状况。

单功能性开放空间　用于某一特定用途的开放空间，它区别于多功能开放空间，不能用于广泛的休养。

▶开放空间
▶半开放式开放空间
▶多功能开放空间
▶开放式开放空间
▶私人开放空间
▶市区开放空间
▶专用开放空间

多功能性开放空间　可同时用于不同用途的开放空间，它区别于单功能性开放空间。

▶开放空间
▶半开放式开放空间
▶单功能性开放空间
▶开放式开放空间
▶私人开放空间
▶市区开放空间
▶专用开放空间

N

持久性　包含三个要素：经济学、生态学、社会学。苏黎世城受持久性原则的约束（《可持续发展原则》）。在确保经济生产力的前提下，提高人们生活舒适度，加强社会公平性，为人类、动植物储备自然的物质基础，则发展是可持续性的。（苏黎世城职责的定义）。

因此绿色都城苏黎世一直为达到同时且平等的环境、社会及经济领域的目标而努力。绿色苏黎世的全部工作及其工作人员均遵照经济及社会的发展需符合自然承载力的原则。［联邦法律第 2 章 73 页（BV；SR101）］

与自然密切相关的管理与维护　每项管理与维护需建立在法律方针路线的基础上，遵照例如：生态法条例，环保质量法条例，与自然密切相关的城市绿色自由区维护及管理的管理法条例（VVO），或标签项目法律法规，例如：克诺斯配/生态 - 瑞士有机认证标签或 IP 认证。

VVO

自然之旅公园（NEP）　含较高自然、文化、景观价值的区域，在文化、社会结构及当地经济等领域使人口增长与持续性发展项目相协调。

自然价值指数 衡量绿色都城苏黎世发展的指示器工具，展现苏黎世城的生物性及自然空间情况的全部风貌。

新品种植物 希腊语单词"neo"的意思是德语中新的"neu"，希腊语单词"phyton"的意思是德语中植物"Pflanze"。境外植物物种自1500年以后被人们有意识或无意识的引入瑞士后现在出现了野生植物物种并开始繁殖。

例如：秋麒麟（菊花科属），仙炙轩（一种草）。

▶新生物（动物）

新品种生物 希腊语单词"neo"在德语中的意思是新的"neu"，希腊语单词"Zoon"在德语中的意思是动物、生物"Tier"。境外生物物种自1500年以后被人们有意识或无意识的引入瑞士后现在出现了野生动物物种并开始繁殖。

例如：浣熊，红色龙虾。

▶新品种植物

NFK 自然及自由区域管理委员会。围绕"绿色"议题设立的城市咨询委员会。

NHG 自然及本地化保护法案[SR. 451]

O

对外开放的风景区 市区外的草地及土地。

OBU 瑞士当地培养企业管理生态化意识的联合会。

开放化开放空间 自由准入的自由区域，多数为公共所有。

▶开放空间

▶半开放化开放空间

▶单功能开放空间

▶多功能开放空间

▶私人开放空间

▶市区开放空间

▶专用开放空间

生态网络化 彼此在固定生活区域进行联系，可实现个性化交流。无须通过不邻近的两端口强制进行该联系，它也可通过一个可用的覆盖物来实现。

生态平衡 在住宅区内外，通过网络管理群落生境、物种多样性的需求、活化地貌图等其他方法来调节土地的利用程度（密集度、利用率）

[联邦法关于自然及本地化保护问题（SR451），第18章18页起，特别：自然及本地化保护法案第18章第二条]

OLN 生态化进程成果证明。针对农业经济产品依照集成化生产（IP）的指导方针路线的联邦项目。需要均衡施肥，占生态化平均面积的7%，标准化的作物轮作及可控性作物处理办法。依据联邦直接支付管理法规（联邦政府直接支付给农民增加收入的一种支付方式），维

持生态化进程成果证明准则是进行直接支付的前提。[直接支付管理法（SR. 910. 13）包含附注]

OQV 生态质量管理法。自2001年4月4日起，通过推动提高地区性质量及平衡区域生态化进程颁布的法规。[SR。910. 14]

P

公园 普遍可进入的具有多功能的绿色区域。

参与 参加，积极加入某个以人、企业或因兴趣而形成的组群，并拥有自主的选择权。这其中正式的和法律程序所规定的团体有一定区别，它也可能是法律要求的共同意志，也可能是自主决定的参与过程（通过自主选择参加的参与人员）。

▶协作、合作

PBG 1975年9月7日颁布的苏黎世州计划及建设法。（LS700）

苏黎世城卢米埃计划 是苏黎世城的照明草案。市政府于2004年5月5日批准了整个草案。（2004年5月5日颁布 StrB 754 法案）

计划收益 根据计划通过再评估使土地增值。

▶增值附加税

PPP—项目 公众 - 个人 - 合作项目。该项目赞同社会公众机构及个人机构间达成合作关系。

私人开放空间 是有个人所有权的开放空间。其非公共准入，而是仅用于个人使用（区别于公共开放空间和半开放开放空间）

▶开放空间
▶半开放式开放空间
▶单功能性开放空间
▶多功能性开放空间
▶开放式开放空间
▶市区开放空间
▶专用开放空间

产品 绿色苏黎世城根据 WOV 标准的单一供应。苏黎世城每个产品在法律或政治的预先规定的范围内，对一个明确定义的固定客户群体的需求提供担保。单一产品同时是费用承担者，这意味着费用及收益都将算入每个单一产品的成本中。苏黎世城支配超过 28 种 WOV - 产品。

▶WOV

产品系列 汇编每个产品，构成含明确调整方针的职责范围内的战略性单位。苏黎世城支配超过 5 种产品系列。

利润中心（PC） 绿色苏黎世城专业领域和商业模式下的企业管理组织形式，用以提高市场生产能力（盈利职能）。可准入外部需求市场和供给市场。利润的中心目标是对内部/外部可计算的、所影响的市场价格和调拨价格实现收益的最大化。

▶服务中心

项目 已制定目标的，有时间

期限的方针路线，含明确定义的时间消耗、费用消耗、资源消耗要素及明确的责任范围。项目由项目计划、项目工作报告及审计三个部分组成。

过程防护　衍生于自然防护的定义。通过过程防护保障生态系统的自然发展进程或非人为风景区的安全。大面积的国家公园是最典型的实例。通过过程防护以减少对自然动力有重大意义的自然性干扰因素。并对此尽可能消除人为的破坏因素。

普施　瑞士实际环境保护基金会

Q

质量　经济成果的持续的、合理的期望产量。

住宅区开放空间　住宅区多功能性的实用空间，例如：绿化区域、广场。

　▶开放空间

　▶半开放式开放空间

　▶单功能性开放空间

　▶多功能性开放空间

　▶开放式开放空间

　▶私人开放空间

　▶专用开放空间

R

国家公园管理员　原意为英国皇家园林的看守/监守人，今为公园管理员，例如国家公园的管理员。在绿色苏黎世城，国家公园管理员

的职责是对自然区域的调解及监管。

RAUS　户外规定场地管理条例。瑞士联邦据对农业实施的动物保护－标签管理项目。对食用动物，特别是对动物有好的摊位及在户外规定场地建立的设备进行饲养的，瑞士政府实施直接性全额支付。［户外规定场地管理条例；SR910.132.5］

　▶BTS

保留　拉丁语中《retentio》的意思，在德语中翻译为保留《rückhalten》。阻止洪水发生及缓解下水道网络压力的方法，通过保留雨水以保证安全性，更确切的说法是，调控河流或下水道的水位。用于保留湖泊和绿化过的平顶或渗坑。

瑞士土地规划工具　鉴于为争取发展而制定的用于调整有效空间的活动的文件，包含关于时间顺序和完成任务方法等内容。

瑞士土地规划仅受公共权力机构的约束并定期接受审查。［RPG第8条］。为支持州土地规划（由联邦州政府规定），乡镇代表大会［国家规定的乡镇法规第41条］确定由苏黎世结构规划组规划苏黎世区域性土地规划，也可能进一步的分化。苏黎世城区域性土地规划形成了建设和区域法的基础，由部分土地规划法组成。

　▶住宅及风景区

　▶交通

▶公共建筑和设施

▶BZO

RPG　1979 年 6 月 22 日针对土地规划颁布的联邦法律。（土地规划法 SR700）

RPV　2000 年 6 月 28 日颁布的土地规划条例。（SR700.1）

RZU　苏黎世区域规划和环境法

S

保护规范条例　规范保护的对象，特别是对较大区域保护的方式方法。保护规范条例是规划及建设法（PBG）的组成部分，此外也对自然及本地化保护进行了规范。［城市规划及建设法第 205 章］

▶开放区

SD　苏黎世社会管理行政部

服务中心　绿色苏黎世城在专业领域及商业模式中的企业管理组织形式。服务中心的目标是以总成本为基础，通过网络、市场调控能力、可计算的影响市场价格和调拨价格的因素，提供可回收成本的服务。苏黎世服务中心通常来说没有外部市场准入。

▶利润中心（PC）

市区范围　指苏黎世城所有建筑、街道、火车轨沿线及其他的已确定的区域以及所属的公园、休养设施（翻转房屋、绿化区域、运动场、公墓）。除此之外用于农业用途的区域（农田、草地、牧场、藤蔓

植物园、集约经营农场），固定或流动的水域以及森林；均不属于市区区域。

［苏黎世州计划及建设法（参照《土地规划法》自第 20 章起）］

市区区域　是市区范围内和非市区范围的集合。在苏黎世城市区区域即整个乡镇区域。

SPA　运动委员会，苏黎世城的服务机构。

Stakeholder　源于英语，德语的意思是债权人《Anspruchsneh-mernder/Beanspruchender》。

▶债权团

STEZ　苏黎世城市发展委员会，苏黎世城的服务性机构。

战略　是对当前的或之后的现状采取何种措施的一种描述，是预见管理层设定的企业目标并实现目标的一种措施。绿色苏黎世城的企业管理战略由绿色 – 自由区域局部战略、绿色思维及一般企业发展战略性陈述这三个方面构成。

战略性合作　同已明确的伙伴合作以达成绿色苏黎世的管理目标。

肉质植物　能较好适应气候和土壤的水生植物。肉质植物的特殊载体与仙人掌科的种类相似。

支持过程　即德语支持过程"Unterstutzungsprozess"。其过程，直接服务于产品和服务的产出。支持过程的实例：购买软件或者人力资

源管理。

▶主进程

T

TAZ 苏黎世深部开采管理委员会是苏黎世的一个服务性机构。

TED 苏黎世深层开采和维护部门。

动物之声（瑞士杂志） 同绿色苏黎世城的合作伙伴，在周三下午及周日为兰格伯格野生公园的参观者提供关于野生动物的相关信息。

U

越界建筑指数 已进行越界修建的建筑区域面的一部分。

更重要的开放空间 多功能化应用的开放空间，其覆盖区域远超过城市边界。以苏黎世城为例：湖边的绿化带。

▶多功能性开放空间

UGZ 苏黎世环境及健康保护委员会是苏黎世城的一个服务部门。

UMS 环境管理系统：绿色苏黎世管理体系的一个部分，以不断优化环境为目标。对每个绿色苏黎世合作伙伴而言，维持环境方针是说明其功能的组成部分。

绿色苏黎世环境管理系统自2003年获得 ISO 14001 认证。

▶ISO 14001 认证

UVEK 瑞士环保、交通、能源、交流部门。

▶BAFU 联邦环境局

V

放生 按照管理标准进行放生。

密封 ▶土壤密封

密封度 固定、不透水性平面部分的土地，区域或大面积地区。

▶土壤密封

现象 对一个中长期的预期状况的表现。对于计划而言现象是可预测的情况，且可以通过计划行为来实现。

VLZ 苏黎世生活区的结合部。联合总会联合了苏黎世所有关心《绿色》议题的协会。

优先使用权 平原的主要的利用方式。例如：在森林区域利用优先使用权，使有养生息不影响木材采伐或生态完整性。

▶专用开放空间

VTE 苏黎世深部开采及维护管理部门的领导。

VVO 关于亲近自然的维护及绿色自由区域管理办法的管理法令。1995 年由市议会设立。

▶有关亲近自然管理和维护

W

WEP 森林发展规划
[州政府森林管理办法条例（LS 921.11）第 4 章起]

WiBi ▶效果对比平衡表

野生通道 生活区域的链接纽带，此处许可野生动物存在，以交通道路或住宅区域作为障碍物。按照动物种类来区分对野生通道的铺设要求。例如：绿色桥、地下管道。

效果对比平衡表　绿色苏黎世城衡量不同债权人其生产和服务重要性和满足性的工具。

WOV　开放式管理，在英语中意思是新型开放式管理"New Public Management"（NPM），即新型开放式管理模式。1997 年 8 月 27 日苏黎世市议会制定转变管理模式的法案。目标是通过加强客户方面和引入企业经济效益规范准则来实现最有效的管理，例如：客户的定义、产品和服务、描述目标和生产效益目标及确定特性数值。绿色都城苏黎世是开放式管理的先锋服务部门。

WSL　瑞士森林、降雪、地貌研究所，位于苏黎世的比尔门斯多夫。

Z

目标物种　被列入红色编目的濒危动植物种类，在固定区域有特殊意义。目标物种对于物种保护意义重大。其保护需依据自然及本地化保护法案第 18 条的规定。

▶指示物种

目标完成度　已制定的目标与实际生产力以及实际获得成果之间的关系。

目标群体　对于一项产品服务或措施有着相同或相似要求的一组人群。绿色城市苏黎世的产品和服务针对某一目标群体。

▶权利群体

▶客户群体

专用化开放空间　确定优先使用的开放空间，例如：学校及公墓。专用化开放空间受到一定限制的用作公共用途。

▶优先使用权

▶开放空间

▶半开放式开放空间

▶单一功能开放空间

▶多功能自由区

▶开放区

▶私人区

▶住宅区

链　接

生态化瑞士（Knospe）：

www. bio – suisse. ch

联邦农业网（BLW）：

www. blw. admin. ch

联邦空间发展网（ARE）：

www. are. admin. ch

联邦战略网（BFS）：

www. statistik. admin. ch

联邦环境网（BAFU，也称作 BUWAL）：

www. umwelt – schweiz. ch

瑞士农业经济及技术研究所（FAT）：

www. fat. admin. ch

欧洲质量管理基金会：

www. efqm. org

绿色苏黎世网：

www. stadt – zuerich. ch/gsz

联邦州自然保护专务组：

www. naturschutz. zh. ch

莫奈网：

www. monet. admin. ch

苏黎世城网：

www. stadt – zuerich. ch

联邦法律分类汇编网：

www. admin. ch/ch/d/sr/sr. html

苏黎世法律汇编网（ZH – Lex）：

www. zhlex. zh. ch

引文索引

阿敏，S.；安德烈克，B.；贝汉斯，M.；《矛盾》安格鲁商务 – 饥饿与生计权。引用：《矛盾》第 24 年卷，出版于 2004 年，第 47 期，1 – 232 页。

垃圾、水资源、能源及空气管理局（出版者）：苏黎世州水利工程和水域保护方案。2005 年出版于苏黎世。

垃圾、水资源、能源及空气管理局（出版者）：苏黎世州水资源管理方法规划。指导纲要。2006 年出版于苏黎世。

土地与自然管理局（出版者）：苏黎世州森林内径行动计划。2005 年出版于苏黎世。

安格尔，C.；巴勒，S.；巴勒努斯，F.：《环境保护及土地规划方案》随社会变迁的城镇区域。引用：实用性生态杂志。第 37 年卷（2005 年出版），第一期，21 – 27 页。

区域规划及测量管理局（出版者）：《苏黎世区域观察》城区发展。第 24 期。2004 年出版于苏黎世。

贝西特奥特，D.：越来越多的遗传树种。引自：2005 年 7 月 14 日《日报》。

BAK 巴塞尔州财经（出版者）：《2005 年 4 月 BAK 调查报告》苏黎世战略委员会。对经济代表大会及苏黎世市议会的城市发展及公共区域提出的建议。出版于 2005 年苏黎世。

巴勒特斯培根，E.：《觉醒的勇气》。出版于 2005 年苏黎世（由奥赫菲斯利出版公司出版）。

巴塞尔州城市建设部（出版者）：《巴塞尔州自由区 – 一切皆值得》。2004 年出版于巴塞尔州。

苏黎世州建设管理处（出版者）《巴塞尔的自由发展空间——所有人的共同价值》。2001 年出版于苏黎世。

苏黎世州建设管理处（出版者）：《苏黎世新道路及区域 – 苏黎世西部城市隧道交通项目研究》2005 年出版于苏黎世。

保尔，N.：《支持及反对开垦荒地》关于当前社会深度的社会辩论。2005 年出版于苏黎世（第一版）。

鲍尔，B.；杜艾丽，P.；爱德华 P. J.：《瑞士生态差异》国家政策的社会基础。2004 年出版于瑞士首都伯尔尼（第一版）。

贝克，D.：《社会心理学的共同选择》一个互相影响分析的准入。第一版。2001 年出版于威斯巴登（西德出版社有限公司）。

贝尔西特奥特，C.；史道夫，M.：《学校及环境教育》教育学分析及环境教育理论和实践的新规定。1997 年出版于瑞士首都伯尔尼（皮特·郎出版公司）。

布罗西里格，H.：《建筑施工的联邦制度》大都市区与瑞士州的对比：复苏瑞士的研究和建议。2005 年出版于苏黎世（新苏黎世报出版）。

布鲁希尔，K.：《仿生学》－我们如何利用隐藏的建筑图上的自然景观。2005 年出版于慕尼黑（C. 贝塔斯曼出版社）。

伯格霍茨，S.：基本经验的特性及其同环境意识及行动的关系。1999 年出版于奥皮拉登（莱斯科及布特里希出版社）。

伯乐茨，U.；宾格斯 S.；比斯霍夫，M.：《瑞士公共私人合作关系》基础研究－公民对经济及管理的共同投票议案成果。2005 年出版于苏黎世（舒尔特斯法律媒体出版社）。

博纳尔，S.：波特梅尔，F.：《没有发展的繁荣》瑞士人的幻觉。2004 年出版于苏黎世（奥赫菲斯利出版公司出版）。

布音克曼，D.；福利克斯，R.；福尔摩，J.：《在冒险世界中学习》对政治、管理及科学的预见。汉诺威国际会议中心十二月四日－五日专业议会大会。IFKA－文件，第 22 版。2002 年出版于比勒菲尔德。

比勒，P.：《道德》－生存的价值。2004 年出版于奥格斯堡（圣乌尔里希出版社）。

联邦瑞士建筑学家（出版者）：《接触自然危险》引用于：安特霍斯 2004 年第 43 年卷，第三期，1－79 页。

联邦政府的土木工程学和土地规划（出版者）：挑战德国因空间发展引起的人口变迁问题。2004 年出版于柏林。

联邦政府空间发展规划局（出版者）：《持久性项目的质量规范》对联邦参与者持久发展进行辅助指导。2005 年出版于伯尔尼。

联邦政府空间发展规划局（出版者）：《景观》－第二次印刷。2001 年出版于伯尔尼。

联邦政府空间发展规划局（出版者）：《2002 年战略性持续发展》2002 年 3 月 27 日瑞士联邦政府报告。2002 年出版于伯尔尼。

联邦政府空间发展规划局（出版者）：未来空间发展需要创新意见。引于：信息手册第 32 年卷，第三版，3－35 页。

联邦政府空间发展规划局（出版者）：2005 年空间发展报告。2005 年出版于伯尔尼。

联邦政府环境、森林及景区管理局（出版者）：《欢迎来到大自然》

引用：《环境》第 2005 年卷，第一版，41 – 43 页。

联邦政府环境、森林及景区管理局（出版者）：环境系列第 212 号文件，水资源的补给。饮用水资源供给现状。1993 年出版于伯尔尼。

联邦政府环境、森林及景区管理局（出版者）：环境系列第 352 号文件。自然及风景。2020 年风景。分析及趋势。2003 年出版于伯尔尼。

联邦政府环境、森林及景区管理局（出版者）：环境系列第 363 号文件。瑞士森林管理项目（WAP – CH）。2004 年 – 2015 年实施的项目。2004 年出版于伯尔尼。

联邦政府环境、森林及景区管理局（出版者）：《教育是为了将来》引自于：《环境》第 2004 年卷，第三版 24 – 51 页。

联邦政府环境、森林及景区管理局（出版者）：《环境原料》第 193 号文件。森林方面财政的休养生息价值。2005 年出版于伯尔尼。

联邦政府环境、森林及景区管理局（出版者）：瑞士第四次向 UNO – 国际气候公约作出报告。瑞士第一个签订京都议定书。简介。2005 年出版于伯尔尼。

联邦政府环境、森林及景区管理局（出版者）：《森林基础水资源保护规则》2005 年伯尔尼。

联邦政府环境、森林及景区管理局（出版者）：避免光辐射的建议。2005 年出版于伯尔尼。

联邦政府环境、森林及景区管理局（出版者）：环境系列第 381 号文件《森林和树木》瑞士私有森林和其所有人。2005 年出版于伯尔尼。

联邦政府环境、森林及景区管理局；瑞士森林，降雪和景观研究所（出版者）：2005 年森林报告。关于瑞士森林状况的数据和事实。2005 年出版于伯尔尼。

联邦政府环境、森林及景区管理局（出版者）：共同的自然和景区引自：《环境》2001 年卷，第四版，第 17 页到第 21 页，第 38 页到第 41 页。

联邦政府环境、森林及景区管理局（出版者）：环境系列第 373 号文件《自然及景区》国家生态化网络 REN 的结尾报告。2004 年出版于伯尔尼。

联邦政府环境、森林及景区管理局（出版者）：《噪音让我们不得安宁》引用：《环境》第 2005 年卷，第 2 版，2 – 63 页。

联邦环境及自然保护和核反应堆安全管理局（出版者）：《环境政治》《21 世纪备忘录》1992 年于里约热内卢举办的联合国针对环境及发展议题的会议。1997 年出版于柏林。

伯克哈特，L.：《谁策划了该计划?》建筑学、政治与人类。1980 年著作于德国黑森州卡塞尔城。

循环指示（出版者）：城市和联邦州的持续性发展的核心指示器。循环指示结束报告的附录。城市核心指示器。2005 年出版于伯尔尼。

瑞士信用（出版者）：《对于气压的担忧》2005 年引自于每日新闻第 111 年卷（2005 年）第 5 版，第 65 页。

瑞士信用（出版者）：《仿生学－自然是典范》2005 年引自于每日新闻第 111 年卷（2005 年）第 2 版第 19－21 页。

迪普瑞，D.；郝泽，H.；施明德，B.（出版者）：《觉醒的勇气》瑞士经济政治备忘录。1995 年出版于苏黎世（由奥赫菲斯利出版公司出版）。

ETH 建筑、环境及人口管理会（出版者）：200 年年度报告。第一版。2005 年出版于苏黎世。

工业生产管理部（出版者）：苏黎世城能源的首要计划。市议会 2002 年 10 月 2 日第 1438 号决议。2002 年苏黎世。

绿色苏黎世城 c/o Ned. Work 股份有限公司（出版者）：时事通讯 2005 年第一期。2005 年出版于杜塞尔多夫。

迪芬巴赫尔，H.：《平等性和持续性》伦理学和生物学的关系。2001 年出版于德国法兰克福南部达姆城。

迪尔克斯，M.：汉斯梅尔，K. H.；萨尔茨韦德，J.：《更高价值和较少的金钱》有关对森林功效支付酬金的问题。引用于：当前环境政治与环境法规第 21 年卷（1998年）第三版，373－397 页。

瑞士森林、降雪及景区监察局（出版者）：苏黎世森林区是再生区：城市居民的参观活动和评估森林再生情况。2006 年出版于比尔门斯多夫。

瑞士农业和生态研究所（出版者）：FAL55 系列。利用或者不利用遗传工程使不同景区的扩建体系并存。2005 年出版于苏黎世。

苏黎世废物处理和回收协会（出版者）：苏黎世的城市溪流。草案，经验和范例。2003 年出版于苏黎世

苏黎世理工学院（出版者）：《可持续土地预算政策的战略和工具》。2005 年第 41 卷。2005 年出版于苏黎世。

苏黎世理工学院（出版者）：苏黎世人口密集区的社会空间变迁。城镇化的结果。引自 2006 年第 42卷，第 3 页，16－29 页。

苏黎世州自然保护协会（出版者）：建立沼泽地及贫瘠地对土地的损害。重要的结论和经验。2005 年出版于苏黎世。

瑞士专业协会土地规划员（出版者）：《区域与健康》引自：《collage》第 12 年卷（2004 年）第五版

及第六版，3－29 页。

苏黎世家庭的合作社 FGZ（出版者）：2005 年 3 月时事快报。对文化艺术的摧残，FGZ 同样也存在问题。引用：时事快报之苏黎世家庭合作社。第 2005 年卷，第 129 期，22－25 页。

费南多－格拉诺（出版者）：《环境和城市的生活区域》引于：《Naturopa》2000 年卷，第 94 期，3－31 页。

费舍，G.；希勒 A：《对于生态学和管理的运用和研究入门》。出版于苏黎世（比较出版社股份公司）

费舍，G.；斯塔姆，H.；蓝贝希特 M.；《苏黎世停车场、基础设施及就近休养区的用途》2005 年苏黎世城市发展及绿色苏黎世合约中居民需求的特殊评估标准。2006 年出版于苏黎世。

福瑞，M.：《动物利益的未来机遇》为农民及我们的健康对食用动物进行合理分类的重大意义。2004 年出版于苏黎世（苏黎世动物保护协会出版社出版）。

盖尔茨，R.：《城市绿色计划书》2001 年出版于斯图加特（Eugen Ulmer 出版社出版）。

苏黎世园林建筑及景观管理局（出版者）：《对苏黎自然界绿色区域的维护》由管理方针到实践。1996 年出版于苏黎世。

苏黎世园林建筑及景观管理局

（出版者）：苏黎世的自然及景观。目标、方针战略、工具。1999 年编出版于苏黎世。

苏黎世园林建筑及景观管理局（出版者）：《自由区管理方针》1999 年编出版于苏黎世。

苏黎世园林管理局（出版者）：《黎世自由区管理方针》最终报告。1986 年出版于苏黎世。

苏黎世园林管理局（出版者）：《资产负债表》1986 年成功的控制自由区管理及 1986—1993 年苏黎世自由区域规划。1994 年编出版于苏黎世。

加瑟，B.：《垃圾山持续增长》引用：苏黎世日报 2005 年 6 月 10 日第 11 版。

苏黎世健康及环境管理局（出版者）：2003 年环境报告。2003 年苏黎世。

苏黎世健康及环境管理局（出版者）：2005 年环境报告。2005 年苏黎世。

苏黎世健康及环境管理局（出版者）：苏黎世环境政治。21 世纪地方备忘录。1995 年编出版于苏黎世。

基泽尔，K.；哈恩，G.；霍德 H.：《德国环境形态》外来保护领域的状况和趋势。2002 年出版于柏林（Springer 出版社出版）。

绿色和平组织（出版者）：《环境形态的新路线》对行为学和社会学的贡献（第一版）1995 年出版于

汉堡。

绿色苏黎世城委员会（出版者）：《维护苏黎世的自由区》方法的描述及使用。2005 年出版于苏黎世。

绿色苏黎世城委员会（出版者）：《2005 年职责范围》2006 年出版于苏黎世。

绿色苏黎世城委员会（出版者）：森林溪流修缮计划报告。2006 年出版于苏黎世。

古格里－多勒德，B.；霍腾莫泽，M.；里德曼－马特修斯，P.：《孩子们做什么事情更迅速?》在幼儿园提高感知及行动的速度。2004 年出版于苏黎世（Pestalozzianum 出版社出版）。

海波里，R.；格斯勒，R.；葛火森巴赫－M W.：《生活质量的幻象》持续性发展－实现生态发展必要性、发经济展节约化和社会化。2002 年出版于苏黎世（高校出版社）。

郝孚．V.（出版者）：《我们共同的未来》世界环境发展委员会的理想化社会报告。1987 年出版于格雷芬（埃根卡普出版社出版）。

霍斯勒，R.：《创造环境》生态及其他教育学的构成主义之书。2004 年出版于慕尼黑（由 Oekom 出版社出版）。

海兰特，S.：《文明区域的变迁》自然保护及土地规划的要求。引用：自然保护及土地规划法规。实用性生态化刊物。第 37 年卷（2005 年）第 6－7 版，3－38 页。

苏黎世设计及艺术院校（出版者）：在苏黎世公共区域为艺术绘图。2005 年出版于苏黎世。

GTLA 技术院校（出版者）：比较开放空间的战略。2004 年出版于苏黎世。

国际社会的城市及地区规划者（出版者）：对瑞士进行区域规划。近 40 个国际议会 IGSRP，即国际社会城市及地区规划者。2004 年出版于伯尔尼。

卡夫曼－H，R.；安培采乐－温特伯格，C.：《森林于健康》引用瑞士林业实时刊物第 156 年卷（2005 年），234－248 页。

凯纳，M.：《持续性空间发展的规划工具》瑞士基于指示器的监控和审核，2005 年出版于奥地利和德国。

肯尼维克，H.：海尔伯格，A.（出版者）：城乡规划的工作材料。第 25 册 2002 年出版于柏林。

科普斯，E.：《我们的大森林》受威胁的生活区。1986 年出版于苏黎世州迈伦县。

昆纳斯特，R.：《填鸭者》为何德国人一直在变胖？我们对此要怎么做？2004 年出版于慕尼黑（黑曼出版社出版）。

昆斯特，H.：《生态化》人类

生存的生态化基础条件。2005 年出版于慕尼黑（C. H. 贝克出版社）。

兰多特，E.：《苏黎世的植物群》2001 年出版于苏黎世（比尔克霍泽出版社出版）。

劳尔，R.：布瑞 S.；布利斯特，T.：《瑞士生活质量及贫瘠水平》1997 年著作于伯尔尼（保罗出版社出版）。

洛阿克，N. 汉斯里，C.（出版者）：《安葬于苏黎世》苏黎世公墓。1998 年第一版苏黎世。

梅特龙有限公司（出版者）：《改造瑞士 - 瑞士变革的贡献》2004 年布鲁日第二十号主题手册。

米勒，F.：《当然去功能齐全的休息区》引自于：2005 年 5 月 21 日第 116 号日报。

纳赫蒂加尔，W.；布鲁希尔，K.：《仿生学手册》参考自然界的新型科技。2000 年著作于斯图加特（德国出版社）。

纳什德特，W.：布林克曼，D.；泰勒，H.：《冒险世界的学习地点》科学界非官方教育的新模式。IFKA 系列第 20 版。2002 年于比勒菲尔德。

自然代表大会（出版者）：《2006 年 2 月 24 日自然代表大会宣言》自然的价值。2005 年巴塞尔。

苏黎世自然研究协会（出版者）：《人类与自然》庆祝苏黎世自然研究协会成立 250 周年的纪念文集 1746 年—1996 年。1996 年著作于瑞士阿尔卑纳赫（KOPRINT 出版社）。

尼菲尔盖特，P.：韦德穆斯，H.（出版者）：《地貌及生活：苏黎世高地》2001 年出版于苏黎世。

Novatlantis（出版者）：《安逸的生活》我们的资源是持续发展的关键的新理解 – 2002 年社会。第一版，2005 年编出版于瑞士迪本多夫。

ORL – 研究所，苏黎世 ETH（出版者）：《苏黎世城的持续性指示器》2001 年出版于苏黎世。

培皮尔斯，W.：《营销学》第一版。1994 年出版于巴登巴登（诺莫斯出版社）。

包泽尔，B.：《舒适的世外桃源或〈湖边的博纳泽〉》。2006 年 Zuerihorn 河周围临时性艺术项目的草案。2005 年苏黎世。

瑞士实践性环境保护（出版者）：《环境保护的经济潜能的形态》2005 年第三版。2005 年苏黎世。

纯自然（出版者）：《持续性发展的构成》瑞士非政府组织对环境、年轻人及发展的教育宪章（NRO）。2002 年著作于伯尔尼。

纯自然（出版者）：《对移民区及城区的观点》2005 年出版于巴瑟尔。

纯自然（出版者）：苏黎世纯自然杂志 – 苏黎世附属教学部门。《森林是宝贵的发展区域?》2005 年出版于苏黎世。

哈克，M.：《企业管理的重要规定9》固定版本。1996年出版于兰茨贝格（现代工业出版社）。

劳赫－施威格勒，T.：举例说明木材建造建筑及房屋为例的持续性行为。第一版。2005年伯尔尼（h.e.p出版社出版）。

苏黎世州政府，苏黎世市议会（出版者）：《650年苏黎世森林的历史、森林政策、森林使用及木材保护》第一版。1983年出版于苏黎世。

苏黎世区域规划及气候（出版者）：苏黎世城区、交通及气候的基础。2005年出版于苏黎世。

苏黎世区域规划及气候（出版者）：空间发展蓝图。2005年出版于苏黎世。

伦奇，H.；弗路西戈，S.；海德，T.；《经济改革》瑞士迅速成长的路线。2004年苏黎世（由奥赫菲斯利出版公司出版）。

里希特，G.；《绿色城市手册》城市自由区域的城市结构。1981年著作于慕尼黑（BLV出版社）。

施耐德，K.：《20世纪环境教育》－起源、当代问题、分析角度。第七版2001年著作于慕尼黑（瓦克斯出版社）。

施耐德，M.：《2004年白皮书》瑞士社会福利国家的方案。2003年苏黎世（简弗莱出版社）。

舍贝，S.：《自由区规划质量》

对柏林城市绿色和自由区的看法。2003年著作于柏林（科学出版社）。

瑞士州教育局的瑞士协商会（出版者）：《瑞士未来环境教育》可持续发展的环境教育文献。2002年伯尔尼。

瑞士农业经济及农业社会研究协会（出版者）：《当今农业政策－未来人口密集地区积分化绿色区域政策》2003年著作于苏黎世。

瑞士联邦委员会办公处，联邦战略委员会（出版者）：《挑战1999－2003》发展趋势及未来联邦政治话题。联邦管理局展望报告。1998年著作于纳沙泰尔（瑞士）。

瑞士紧急公函经办处（出版者）：《无用的惩罚》巴塞尔大学研究报告提出针对乱丢弃废物的手段。引自于：阿尔高（瑞士）日报，2005年8月24日第196期。

瑞士农业经济及农业社会研究协会（出版者）：针对瑞士农业经济的政策及研究学会的观点。2002年著作于瑞士艾藤霍森。

瑞士未来研究联盟（出版者）：瑞士2004年－2014年－2024年价值观的转变。版本四。巴塞尔2004年。

瑞士工程及建筑联盟（出版者）：《持续性建设－高层建筑》补充生产模式SIA 112.第一版。2004年著作于苏黎世。

瑞士国家促进科学技术研究基金会（出版者）：《城市及基础设施

发展的持续性》2005 年著作于伯尔尼。

瑞士城市联合会 SSV（出版者）：《新型财政平衡》引自：城市 – les villes（2005）年第二版 27 – 28 页。

瑞士国会（出版者）：《联邦及州间的新型财政平衡》联邦议会项目管理的年终报告。2004 年伯尔尼。

斯特 – 里维，B.：《人文科学的抗议》弗莱堡 2002 年（瑞士弗莱堡大学出版社）

国家经济秘书处（出版者）：《景观资源及经济发展》有效利用景观资源发展瑞士旅游业 2004 年著作于奥尔藤。

苏黎世城市发展（出版者）：《苏黎世 – 城市发展的远见》苏黎世城持续性发展报告。1985 – 2003 发展 21 项指示器。2004 年苏黎世。

苏黎世城市发展（出版者）：《城市景观 11》2005 年出版于苏黎世。

苏黎世城市发展局（出版者）：《2005 年苏黎世企业问卷》2005 年苏黎世。

苏黎世城市发展局（出版者）：《在经济领域优化合作的结构》2005 年于苏黎世。

苏黎世城市发展局（出版者）：《国民调查》2005 年于苏黎世。

苏黎世城市发展局（出版者）：《城市比较，2005 年在巴塞尔，伯尔尼，圣加仑和苏黎世进行的人口调查》，2005 年于苏黎世。

苏黎世城市发展局（出版者）：《苏黎世工业和加工业》基于 2001 年企业普查及 2005 年企业需求的分析 2006 年于苏黎世。

苏黎世城市议会（出版者）：《2002 – 2006 年立法难点》现行法律的目标及战略。2002 年于苏黎世。

苏黎世城市议会（出版者）：《苏黎世管理模式》特殊项目。2005 年于苏黎世。

苏黎世统计局（出版者）：《2003 年苏黎世年报统计》2003 年于苏黎世。

苏黎世统计局（出版者）：《至 2025 年的国民人口预测》2005 年于苏黎世。

史道孚，C.：《绿色苏黎世债权人管理法案》专业论文。弗莱堡大学联合会管理机构。2005 年于弗莱堡。

苏黎世地区基金会（出版者）：《经济区的地域监控》2004 年于苏黎世。

舒特，C.；伦施乐，I.；卓恩.D.：《2004 年社会报告》苏黎世 2004 年。

政治学合作机构（出版者）：苏黎世经济区优化合作的结构。2005 年于苏黎世。

托门，J. P.：《企业经济学的管理方向 6》最新版/补充版。2000 年于苏黎世（Versus 出版社）。

苏黎世深层开采及维护部门（出版者）：《苏黎世深层开采及维护部的目标》2002—2006 年立法方面对苏黎世深层开采及维护部首要目标的选择。2003 年于苏黎世。

苏黎世深层开采管理委员会（出版者）：《苏黎世灵活性战略 – 18 项部分战略中的首要战略》2005 年于苏黎世。

苏黎世深层开采管理委员会（出版者）：《2004 年交通规划领域的最近指数映照》2005 年于苏黎世。

UBS（出版者）：USB Outlook.《瑞士 2006 年第一季度经济发展趋势分析》特殊：行业所呈现的趋势。2006 年于苏黎世。

苏黎世环境及健康保护协会（出版者）：《2003年活动报告》2004 年于苏黎世。

德国联邦环境管理局（出版者）：在城市及乡镇内部发展范围内的关系环境、居住及生活质量的评估 – 专业研究报告。2004 年柏林。

苏黎世大学，地理学研究机构（出版者）：《2005 年苏黎世湖泊建筑设施 – 含义，用途及挑战》关注：园林维护和设施质量。2005 年于苏黎世。

苏黎世大学，地理学研究机构（出版者）：《2005 年苏黎世湖泊建筑设施 – 含义，用途及挑战》焦点：湖边的犬类，2005 年于苏黎世。

德国国家自然公园协会（出版者）：《自然公园 – 欧洲国家区域的展望》2005 年于波恩。

瑞士福尔斯特协会（出版者）：《森林管理探秘》关于森林及树木的 300 个问答卷。第三版。1999 年于苏黎世。

瑞士园艺家协会（出版者）：《植物可过滤微粒粉尘》引用：《g´plus》– 园艺专业期刊第 108 年卷（2006 年）第四版，32 – 33 页。

生物工程协会（出版者）：《人与水域》。引自生物工程第 13 年卷（2003 年）第一版，2 – 22 页。

生物工程协会（出版者）：《植物建筑材料 – 用于河岸及坡堤的可能性及界限》引用：生物工程第 14 年卷（2004 年）第二版，47 – 52 页。

盖亚协会（出版者）：《持续发展及自然价值》1999 年于巴塞尔。

大学科技协会出版社（出版者）：《健康的城市》引用：第 21 期 131 年报（2005 年）第 29 – 30 版，第 21 页。

大学科技协会出版社（出版者）：《自然网络系统》引用：第 21 期 131 年报（2005 年）第八版 24 – 25 页。

大学科技协会出版社（出版者）：《森林调查》引用：第 21 期 131 年卷（2005 年）第 42 版 24 页。

大学科技协会出版社（出版

者）：《城市园艺》瑞士景观建筑学的新旧趋势。引用第 21 期 132 年卷（2006 年）第 11 版 13 - 19 页。

冯·伯瑞斯，F.：《谁对耐克城感到恐惧?》耐克最知名的销售场所，耐克 - 未来的城市生活、烙印及品牌之城。2004 年于荷兰鹿特丹。

苏黎世 Vontobel 基金会（出版者）：《苏黎世野生动物》1993 年于柏林。

瓦尔特海特，L.；辛博曼，S.；布拉 f 泽 P.：《瑞士森林区》法律基础及领域。2004 年于伯尔尼。

苏黎世水资源管理局（出版者）：《2004 年商业报告》2005 年于苏黎世。

沃特恩，W.：《苏黎世的命运》2005 年于苏黎世（Huerlimann 媒体出版社）。

WWF（出版者）：2006 年教育日报。国家公园、地区公园及自然之旅公园是休养区得未来。2006 年伯尔尼。

茨宾得，N.；施明德，H.；凯瑞，M.：《Swiss Bird Index SBI》1990 - 2003 年以种类及组合的指数对鸟类孵化种类及种群的发展形势进行评估。2005 年于瑞士卢塞恩州苏尔塞。